DE LA CONCURRENCE

LES CHEMINS DE FER ET LES VOIES NAVIGABLES.

IMPRIMERIE DE HENNUYER ET TURPIN, RUE LEMERCIER, 24.
Batignolles.

DE LA CONCURRENCE

ENTRE

LES CHEMINS DE FER

ET

LES VOIES NAVIGABLES.

PAR

P. J. PROUDHON.

PARIS.

Au bureau du Journal des Economistes,

CHEZ GUILLAUMIN, ÉDITEUR,

RUE RICHELIEU, 14.

1845

AVERTISSEMENT.

L'article qu'on va lire a paru dans le *Journal des Économistes*[1], qui
a cru devoir l'accompagner des réflexions suivantes :

« La question des transports devient importante à mesure que la
« civilisation s'avance, que les besoins se multiplient, que les produits
« s'accroissent.

« Quand il s'est agi de créer des canaux, les hommes du *statu quo*
« demandaient à Brindley à quoi serviraient les rivières : «A alimenter
« les canaux » , répondit ce grand homme.

« Aujourd'hui les canaux et les rivières se révoltent contre les che-
« mins de fer, et de toutes parts surgissent des écrits sur ces questions
« controversées.

« Le nom de M. Proudhon, la connaissance personnelle que nous
« avons de sa sagacité, la nouveauté du sujet et son importance, nous
« ont décidés à donner place dans le journal à l'article dont on vient
« de lire le titre.

« Disons toutefois, et sans préambule, que nous n'admettons nulle-
« ment les chiffres sur lesquels sont basés le raisonnement et les con-
« clusions de M. Proudhon. Dire qu'un chemin de fer ne peut faire
« par jour plus de trois convois de voyageurs et trois convois de mar-
« chandises ; dire qu'une machine ne peut remorquer plus de douze à
« quinze wagons, sont des assertions que les faits actuels démentent
« chaque jour et qu'il est facile à tout le monde de vérifier.

« Dans l'état actuel des choses, nous le disons sans crainte d'être
« démentis par les faits, les chemins de fer sont des voies de commu-
« nication plus parfaites que toutes les autres, et cela devait être. On
« ne comprendrait pas que les gouvernements encourageassent l'en-
« gloutissement des capitaux des peuples dans ces entreprises si elles
« devaient être inférieures à quelque autre. On comprendrait moins
« encore ces monopoles en leur faveur si elles ne devaient être profi-
« tables à tous par la diminution des frais de transports.

« Mais M. Proudhon soulève dans son article une grave question, et
« c'est là surtout ce qui nous a déterminés à l'accueillir, malgré le
« peu d'exactitude de quelques-uns de ses chiffres.

« L'on peut résumer ainsi la proposition de M. Proudhon : « Si les
« rivières étaient monopolisées, si le nombre des transporteurs y était
« fixé, si en un mot l'État faisait pour les cours d'eau ce qu'il a fait
« pour les lignes de fer, les prix des transports pourraient descendre

[1] Numéro de mai 1845.

« infiniment ; ils pourraient ne pas dépasser, pour la Saône par exem-
« ple, 2 et demi à 3 pour 100 par kilomètre et par tonne. »

« C'est une chose bien nouvelle assurément que cette idée de mono-
« poliser les rivières et les routes de terre, et elle mérite de sortir du
« domaine communiste pour être discutée avec maturité.

« Dans tous les cas, ce que dit M. Proudhon vient à l'appui de ce
« que nous avons déclaré bien des fois, c'est que dans l'état actuel, la
« société a une action bien plus directe sur les chemins de fer que sur
« les autres voies de communication. En effet, sur les chemins de fer,
« tout est prévu, tout est fixé ; le maximum du tarif est désigné : il y
« aurait concussion s'il était dépassé. Les frais d'entretien sont à la
« charge de la compagnie.

« Sur les routes, les canaux, les rivières, au contraire, l'Etat a tout
« fait ; puis il a livré l'instrument à tout le monde, à la concurrence,
« au monopole des riches associations. Quand l'instrument se dété-
« riore, l'État le rétablit, et le public n'est pas *protégé* par lui contre
« les exactions. Dira-t-on que sur les routes au moins chacun peut s'éta-
« blir ? Eh bien ! il en est de même pour un chemin de fer. Il y a dans
« tous les cahiers des charges un article qui permet à toute personne
« de faire circuler une locomotive sur le chemin ; les prix sont fixés à
« l'avance. Le droit existe.

« Au reste, M. Proudhon, s'il ne connaît pas les chemins de fer, s'il
« ne peut savoir à quel prix peuvent y être faits les transports, semble
« connaître, au contraire, à fond l'industrie des voies navigables. Son
« article sera donc consulté avec fruit. Nous avons voulu seulement
« prévenir le lecteur contre ses conclusions.

« H. DUSSARD. »

Je remercie M. Dussard de l'impartialité qu'il a montrée en accueil-
lant un article dont plusieurs aperçus sortaient peut-être des habitudes
de sa rédaction. Je lui sais gré surtout d'avoir reconnu que l'idée de
faire intervenir l'État dans les transports par eau *méritait d'être discutée.* Mais je dois protester contre l'espèce de blâme qu'il jette sur
l'ensemble de mes considérations en dénonçant au lecteur *le peu d'exactitude de quelques-uns de mes chiffres.*

Je sais qu'un chemin de fer à double voie pourrait faire partir
toutes les demi-heures, avec deux ou trois locomotives, des convois
de 60 et 90 wagons, soit 180,000 et 227,000 kilogrammes par convoi, et par jour 4 à 5,000 tonnes, le dixième de ce que transporte le
chemin de fer d'Alsace en un an. Mais si j'avais raisonné sur une telle
possibilité, j'aurais dû ajouter que sur la Saône, par exemple, on
pourrait faire partir, seulement à la remonte, toutes les demi-heures
un remorqueur chargé de 1,000 tonneaux, soit 20 à 30,000 tonnes
d'expéditions par jour, le dixième aussi de ce qui se transporte sur la
Saône en un an. Quant à la descente, la quantité transportable n'aurait

pas de limites, puisque les bateaux pouvant faire la chaîne de Saint-Jean-de-Losne à Lyon et descendre à la rame en 48 heures, les arrivages journaliers pourraient s'élever à 400 millions de kilogrammes.

J'ai donc été forcé d'établir ma comparaison d'après les faits connus et en me renfermant dans la *pratique*. Or, est-il vrai, oui ou non, que les tarifs de chemins de fer dans toute l'Europe s'élèvent en général pour les voyageurs de 5 à 8 centimes par tête et kilomètre, et pour les marchandises de 9 à 25 centimes par tonne et kilomètre? Est-il vrai que, d'après l'expérience de 866 kilomètres de chemins de fer construits en France, la moyenne des frais d'établissement est de 330,000 francs par kilomètre? Je pourrais multiplier indéfiniment ces questions ; mais ce serait répéter ce que j'ai dit dans mon mémoire. Ainsi donc, lorsque j'ai parlé de convois de 15 wagons, de 6 départs par jour, et même de 25 kilomètres parcourus à l'heure au lieu de 50 ou plus que peuvent franchir les locomotives, j'ai fait allusion à des faits notoires, ce qui ne m'a pas empêché, lorsque j'ai voulu établir une comparaison sérieuse, d'admettre l'hypothèse de 30 wagons par convoi, de 12 départs par jour et d'une célérité de 40 kilomètres à l'heure. Quoi qu'on dise, je suis dans le vrai, et d'autant plus que je me rapproche davantage de la pratique, ce qui est synonyme de la réalité.

J'admets que les chemins de fer sont des voies de communication *plus parfaites que toutes les autres,* mais à condition qu'ils deviendront *profitables à tous par la diminution des frais de transport.* J'ai donc demandé si, dans la pratique, le prix marchand du transport par fer pourrait descendre à 2, 3 et 4 centimes par tonne et kilomètre, ainsi qu'il est possible de l'obtenir immédiatement par eau? Si la réponse est affirmative, alors comment justifiera-t-on des tarifs à 16 et 18 centimes?

On se prévaut de l'*encouragement* accordé par le pouvoir aux entreprises de chemins de fer. Il m'a paru au contraire, et j'en ai cité des preuves, que le pouvoir montrait à cet égard encore plus de méfiance.

On dit : « D'après les cahiers des charges, le parcours est libre sur les chemins de fer ; tout le monde peut y lancer une locomotive. Donc, le parcours des rivières doit aussi rester libre. » Je réponds que si pour ce qui concerne le chemin de fer, la liberté est dans la *loi,* le monopole est dans le *fait :* tout le monde n'a pas 100,000 francs à dépenser pour une locomotive et ses wagons. Or, je dis qu'il en est de même pour la rivière : il n'est pas permis à tout le monde d'aller au Creuzot commander un remorqueur. Contre le monopole de la haute industrie, les consommateurs n'ont donc que la protection de l'État, et si mon projet d'affermer la Saône n'est pas exempt de reproche, on ne peut nier que j'eusse le droit d'élever cette question : « Comment, en matière de transports, les intérêts généraux seront-ils garantis contre le monopole ? »

Du reste, et pour me renfermer dans la question générale, s'il est vrai que la circulation par voie de fer soit à son aurore, il est tout aussi certain pour moi que la navigation intérieure est encore dans l'enfance, et tout ce que j'ai voulu, ç'a été d'appeler l'attention publique sur une concurrence qui ne peut tarder longtemps à éclater entre les deux plus puissantes industries qu'ait enfantées la civilisation. Ce sera une bataille de géants. Il importe que les gardiens du peuple en soient avertis.

P. PROUDHON.

DE LA CONCURRENCE

LES CHEMINS DE FER ET LES VOIES NAVIGABLES.

Question proposée par l'Académie de Lyon. — La Saône, le Rhône, les canaux. — Les chemins de fer. — Impossibilité pour le chemin de fer de Châlons à Avignon de subsister à côté de la voie navigable. — De la gratuité de parcours : problème d'économie politique. — Physionomie du chemin de fer : réponse à l'Académie de Lyon. — La concurrence : projet d'organisation : 140 millions d'économie.

La ligne de Paris à Marseille ne sera point interrompue entre Châlons-sur-Saône et Avignon, c'est un point résolu : peut-être même d'ici à deux ans cette partie du rail-way sera terminée. Pour éclairer le pouvoir, s'il restait quelque vérité à lui apprendre, il serait désormais trop tard ; et ce n'est guère aussi la peine de se livrer à des conjectures. L'ignorance a parlé ; le gouvernement a proposé ; la Chambre a voté ; le bien comme le mal qui doit arriver arrivera ; nous n'avons plus qu'à l'attendre en toute tranquillité et résignation.

Aussi je n'aurais eu garde de revenir sur un texte épuisé, si l'Académie de Lyon, — dans son orgueil civique ou dans son inquiétude ?... — n'avait lancé dans le public cette question à double face : *Quels sont les avantages et les inconvénients qui peuvent résulter pour la ville de Lyon de l'établissement des chemins de fer ?* L'honorable compagnie ne trouve pas que tout soit rose dans ce qui fait la joie de MM. Fulchiron, Terme, Sauzet et de Lamartine ; elle croit à des *inconvénients* autant qu'à des *avantages* ; au lieu de proposer une ode pour célébrer la plus grande merveille du dix-neuvième siècle, elle demande froidement et prosaïquement ce que la vieille cité lyonnaise, jadis la reine de la commission et de l'entrepôt, peut espérer ou craindre de la nouvelle voiture. Lyon, par le Rhône et la Saône l'un des centres du commerce européen, Lyon, par les chemins de fer n'eût jamais été que l'égal de Bourg-en-Bresse ou de Rive-de-Gier : on conçoit qu'une Académie se demande ce qu'avec un pareil instrument de communication il peut se produire de résultats heureux ou subversifs pour une ville dont la navigation fluviale a fondé de tout temps l'existence et la prospérité.

Puis donc que par la décision irrévocable du pouvoir législatif, la prolongation du chemin de fer de Châlons à Avignon peut être considérée comme accomplie, que déjà les actions sont en hausse, que l'on n'attend plus que l'ordonnance d'adjudication pour mettre la main à l'œuvre, qu'il ne s'agit plus de flatter des intérêts égoïstes ou des espérances indiscrètes, nous exposerons le fait comme s'il était déjà de l'histoire ; nous l'étudierons avec toute l'impartialité de l'expérience ; et raisonnant toujours sur des évaluations authentiques, et d'après les principes irréfragables de la science, nous tâcherons de formuler notre jugement de telle sorte, que si l'événement venait à le démentir, l'erreur fût imputable non point à nous, mais à l'ignorance où nous serions involontairement demeuré de quelque élément du problème.

Certes, il n'entre pas dans ma pensée de faire de l'opposition aux chemins de fer, pas plus que d'exalter les avantages de la navigation : je crois, selon les circonstances et les lieux, à l'utilité de l'une, et à la nécessité des autres, et n'entends sacrifier aucun système. La question que je traite, générale quant aux principes, est toute spéciale, toute locale, quant à la matière ; c'est, si j'ose ainsi dire, dans la perspective d'une rivalité presque sans exemple, une monographie du pays lyonnais et de ses aboutissants. Je cherche, en un mot, non pas lequel vaut le mieux pour une société abstraite, de creuser des canaux ou de plaquer des rails ; mais ce qui, d'après les éléments d'exploitation connus, et dans le cas donné, résultera pour Lyon et la vallée de la Saône et du Rhône, de la concurrence d'un chemin de fer et d'une voie navigable.

ÉTAT DE LA NAVIGATION INTÉRIEURE : LA SAONE, — LE RHONE, — LES CANAUX.

Pour bien juger de la Saône, il faut la voir non pas telle qu'elle était *il y a cinquante ans*, comme l'a dit à la Chambre des députés M. de Lamartine, plaidant pour le chemin de fer; mais telle qu'elle est aujourd'hui, telle même qu'elle sera dans dix ans, si le gouvernement continue à fournir à messieurs des ponts et chaussées les moyens de poursuivre leurs travaux, et, on peut le dire en ce qui concerne cette rivière, leurs succès.

Le journal des *Débats* disait, dans son numéro du 15 juin 1844, que les entrepreneurs de remorque n'avaient point à s'inquiéter de la nouvelle voie de fer, que le rail-way comme la Saône aurait sa spécialité, et qu'il y aurait des chargements pour tout le monde. Les bateaux à vapeur sont fort reconnaissants à la feuille conservatrice de sa sollicitude : mais, ou je me trompe fort, ou il est bien moins question de savoir si les marchandises et les voyageurs déserteront la Saône, ou si le chemin de fer transportera la plupart du temps autre chose que ses inspecteurs et ses wagons. Car, d'après tous les renseignements que j'ai pu me procurer, la prospérité du chemin de fer de Châlons-sur-Saône à Lyon serait fondée sur une hypothèse dont rien, ni dans l'insuffisance prétendue de la voie navigable, ni dans le progrès industriel, ni dans l'économie des chemins de fer, ne garantit la réalisation.

Les frais de transport des houilles, par remorque à vapeur et en remonte, s'établissent ainsi qu'il suit :

Dépense du remorqueur.

1 patron, 4 mariniers, 1 mécanicien, 4 chauffeurs et un mousse, par mois 1,510 fr. Le parcours du remorqueur entre Lyon et Verdun étant de 175 kilomètres, le nombre des voyages, par an de 50, et par mois de 5, chaque voyage coûte en frais de personnel. . . . . 302 fr.

Combustible. La durée moyenne du travail par chaque voyage du remorqueur est de 90 heures : la force de la machine, basse pression, étant de 60 chevaux, à 5 kil. de charbon par heure et force de cheval, et le prix du charbon, qualité ordinaire, de 2 fr. 60 c. le quintal métrique, on trouve pour frais de combustible. 675

A reporter. . . . . 977 fr.

Report.		977 fr.
Huile, suif et coton.		80
Intérêt du remorqueur, 120,000 fr. 5 pour 100, par an	6,000	
Amortissement, id. 8 pour 100 —	10,000	
Entretien et réparations,	4,000	
Total, 20,000		
Par voyage. . . , ...		400
Renforts de chevaux à Saint-Bernard.		400
Cordages et frais imprévus.		250
Loyer des bateaux servant au transport, temps du chargement compris.		180
Total des frais par voyage.		2,287 fr.

La moyenne du chargement par voyage étant de 650 tonnes[1], et la distance
de 173 kilomètres, on a pour prix de revient de la traction, 0 fr. 02 c. 2. par
tonne et kilomètre. En ajoutant les droits de navigation, qui sont sur la Saône
de 1 c. 5 par tonne et myriamètre, et autant pour les frais de gestion et écritures, on arrive au total de 2 c. 5.

Les marchandises exigent plus de soin, et acquittent un droit plus fort : en
portant le prix de leur transport à 5 c., on est sûr de dépasser le prix réel du
revient.

Dans la campagne de 1844, on a vu des entrepreneurs de remorque transporter des houilles, depuis Lyon à Saint-Jean-de-Losne (214 kilomètres), au
prix de 4 fr. la tonne, soit environ 1 c. 8 par tonne et kilomètre. Assurément je
ne me prévaudrai pas de ce prix, effet momentané de la concurrence des entrepreneurs, ou plutôt de la disette des transports. Dans l'esprit d'anarchie où
se trouve aujourd'hui, comme tant d'autres, l'industrie voiturière, le prix de
1 c. 8 par tonne et kilomètre a dû laisser peu de bénéfices. Mais, puique depuis
l'inauguration parmi nous des chemins de fer la tendance générale est à la
centralisation, et, pour employer un terme désormais consacré, à l'organisation du travail, qui sait si le gouvernement, intervenant comme agent d'association et de garantie mutuelle dans les transports, ne pourrait pas les fixer
définitivement sur la Saône à 2 c. par tonne et kilomètre ?

Je prie les lecteurs habituels de la *Revue* de ne se point effaroucher s'il
m'arrive parfois de leur présenter des considérations empreintes de quelque
socialisme; je sais ce qu'ils peuvent supporter, et ne les chargerai pas. Mais
ils ne doivent pas perdre de vue deux choses : l'une, que l'opinion du plus
grand nombre s'obstine à attribuer à l'État l'exécution et l'exploitation des
chemins de fer; l'autre, que cette idée de républicanisation, si j'ose ainsi dire,
d'une industrie, idée née dans tous les esprits à propos des chemins de fer, et
qui a été signalée tour à tour avec applaudissement et avec méfiance par d'habiles économistes, pourrait très-bien s'étendre et s'étendra probablement tôt
ou tard aux canaux et à la remorque.

Il ne s'agit donc point ici de communisme, mais uniquement de garantie et
d'association, à telle enseigne que si l'État décline le rôle de conciliateur qui
lui est dévolu par la force des choses, la conciliation s'opérera d'elle-même,

---

[1] Cette évaluation est trop faible. Pendant les mois d'avril et mai qui viennent de s'é-
couler, le remorqueur le *Dragon*, de la force de 60 à 70 chevaux, a enlevé constamment,
de Lyon à Verdun, tous les cinq jours, des convois de 1,000 à 1,200 tonnes.

et comment? par la concurrence. En effet, l'une des propriétés de la concurrence est, en certains cas, de réduire indéfiniment les frais généraux de la production, soit par l'accaparement des commandes, soit, ce qui revient au même
pour le résultat commercial, par la fusion des intérêts antagonistes : les fastes
du commerce, surtout à Lyon, abondent en exemples de cette nature. Il est vrai
que l'industrie privée ne sait encore produire, par la concurrence, au lieu du
bon marché que le monopole, au lieu d'associations permanentes et profitables à tous, que des coalitions passagères : et c'est pourquoi le développement
de l'industrie privée n'est jamais que le signe avant-coureur d'une déroute.
Mais n'est-il pas possible qu'en présence du chemin de fer, une association de
voituriers par eau vienne, avec un tarif garanti pour cinq, dix ou quinze
ans, mettre en échec dès son début la nouvelle administration ? On va voir
que les éléments de succès ne leur manqueraient pas.

Nous avons trouvé que les prix de revient pour la remorque de Lyon à
Châlons-sur-Saône, marchandise reçue et livrée en bateau, aujourd'hui de
2 à 3 c., peuvent descendre encore plus bas, soit 2 c. par tonne et kilomètre. Quoi qu'il en soit de cette prévision, qu'il me serait facile de justifier,
comme il est indifférent pour la remorque de transporter des marchandises ou
des houilles, l'assurance, le débarquement, le camionnage, le profit de l'entrepreneur se comptant en sus, et comme nous avons établi notre compte sur une
longueur plus grande de 27 kilomètres que celle de Lyon à Châlons-sur-Saône,
où les remorqueurs laissent en passant la portion de leur convoi à destination
de cette ville, nous pouvons hardiment fixer le prix normal du transport par
la Saône, à 2 c. 5 par tonne et kilomètre.

Rectifions en passant une erreur de la Chambre de commerce de Châlons.
Dans son tableau de comparaison des prix actuels de transport avec ceux du
tarif prévu pour le chemin de fer, cette Chambre porte à 14 fr. par tonne le
transport des marchandises de roulage ; puis elle ajoute que dans ce prix elle
ne comprend pas *les frais de chargement, déchargement, camionnage, commission, etc., qui sont à peu près égaux dans les deux modes de transport.*

La Chambre de commerce de Châlons, ou plutôt le rédacteur de son adresse
au ministre, se trompe : le prix de 14 fr. (10 centimes par tonne ou kilomètre)
est, ou pour mieux dire était précisément le prix de commerce, comprenant
camionnage, chargement et déchargement, commission, primes, remises, etc.,
etc. Trop de passion gâte les meilleures causes : pourquoi les Châlonnais re-
pousseraient-ils la prolongation du chemin de fer latéralement à la Saône, si
de leur aveu le prix actuel des transports était de 10 centimes par tonne et
par kilomètre, c'est-à-dire juste celui auquel on peut espérer de voir descendre les chemins de fer ?

Le prix de voiture proprement dit, en y comprenant le droit de navigation,
est tel que nous l'avons trouvé, 2 c. 5 : le surplus sert à payer les salaires des
crocheteurs, camionneurs et commis, plus la concurrence et l'agiotage des
maîtres. Aussi voit-on le prix de voiture entre Lyon et Châlons s'élever jusqu'à
20 et 22 fr. la tonne : mais il serait aussi injuste d'en accuser la Saône que de
reprocher, par exemple, au chemin de fer de Saint-Étienne à Lyon d'être coté
par son administration à 58 kilomètres de parcours, tandis qu'il n'en a réellement que 56.

La Chambre de commerce de Châlons, après avoir dit que la descente s'effectue par la marine ordinaire au prix moyen de 5 fr. la tonne (2 c. 1 par

tonne et kilomètre), retombe dans sa première faute en ce qui concerne la remorque à vapeur. « Le trajet à la descente, dit-elle, se fait par les gondoles à vapeur *au même prix que la remonte.* »

Cette assertion est aussi peu exacte que la précédente et doublement fausse, d'abord en ce qu'elle confond les frais accessoires et les prélèvements du commissionnaire avec le prix de voiture ; puis, en ce qu'elle suppose que la descente par vapeur coûte aussi cher que la montée. Or, cette dernière proposition n'est pas plus vraie que l'autre ; les gondoles à vapeur ne prennent depuis Châlons, pour la descente, que 3 fr. la tonne, comme la marine ordinaire ; et je suis sûr que par la disette presque permanente du travail où se trouve la marine, ou, si l'on aime mieux, par la surabondance des moyens, les entrepreneurs se chargeraient volontiers de la décise à 2 fr. 50, sauf garantie d'alimentation.

Malgré l'opposition du public et des journaux châlonnais au projet de chemin de fer latéral à la Saône, il est à croire que l'esprit de monopole et l'intérêt local les animant beaucoup plus que le bien de l'État, ils n'ont pas osé présenter les faits dans toute leur exactitude ; qu'en faisant valoir le bon marché des transports par la rivière, ils ont craint, en montrant trop de franchise, de se couper, comme on dit, l'herbe sous les pieds ; et qu'ils ont combattu pour leurs dieux et leurs foyers beaucoup plus que pour le trésor. Nous aurons encore d'autres occasions d'apprécier l'insincérité très-excusable du reste des gens de commerce et d'industrie vis-à-vis de l'État, dès qu'ils croient leurs intérêts compromis.

De Châlons à Lyon le prix du chemin de fer étant, par hypothèse, fixé à 8 c. par personne et kilomètre, la Chambre de commerce de Châlons a constaté immédiatement en faveur des paquebots à vapeur une différence de 3 fr. 25 c. sur tout le trajet : elle observe de plus que sur ces bateaux les bagages des voyageurs sont reçus gratuitement.

La Chambre de commerce de Châlons, en faisant ce calcul, a traité les entreprises de bateaux-voyageurs comme elle avait traité précédemment les commissionnaires ; par respect pour les positions établies, elle a présenté comme normal un chiffre exorbitant. Mais qu'avons-nous besoin que le propriétaire de *l'Hirondelle* gagne à perpétuité 160 mille francs par an ? La Chambre de commerce de Châlons raisonne ici sur l'hypothèse de prix à 6 et 8 fr. par personne ; nous qui visons au meilleur marché en vue de l'intérêt général, nous qui, dans la détermination du prix de revient le plus bas possible, cherchons, non pas la ruine ou l'exclusion de qui que ce soit, mais la connaissance de toutes les éventualités, nous ne pouvons accepter les comptes de la Chambre de commerce châlonnaise.

Pendant ces dernières années, le prix des places sur les bateaux à vapeur a été, comme nous venons de le dire, pour la distance de Châlons à Lyon et réciproquement, de 6 à 8 fr. par personne. Depuis plus de dix mois il est de 1 fr. et 2 fr. Et notons que ce prix de 1 fr. et 2 fr. n'est point l'effet de la concurrence d'un chemin de fer, c'est le résultat de la concurrence des bateaux à vapeur ENTRE EUX. Nous avons donc à nous demander si les prix de 1 et 2 fr. pourraient être maintenus, et à quelles conditions : en d'autres termes, quel est le prix de revient du transport par les services actuels.

Le personnel d'un bateau-voyageur se compose de 1 capitaine, 1 patron, 3 mariniers, 1 mousse, 1 mécanicien, 3 chauffeurs, dont les appointements par mois forment la somme totale de 1,340 fr. — Ajoutez 220 fr. pour pontonniers, ramoneurs et crieurs (cette dernière fonction, de même que la multiplication des pontonniers, est un effet spécial de la concurrence),

Total 1,560 fr., et par jour... ✓   52 fr.

Intérêt, amortissement et entretien du bateau, 20,000 fr. par an,
   par jour..   55

Combustible : 5 kilos par heure et force de cheval; force de la machine 60 chevaux, durée moyenne du travail, huit heures; charbon à 3 fr. 50 c. les 100 kil..   84

Huile, suif et coton...   20

Total des frais par voyage............... 211 fr.

Ainsi les frais d'un bateau-voyageur capable de transporter 500 personnes peuvent être largement évalués à 211 fr. par jour. En admettant 40 jours d'interruption par année pour réparation et autres cas imprévus, il suffirait d'une moyenne de 220 voyageurs par jour, à 1 fr., pour maintenir la balance entre les dépenses et les recettes. Mais aux prix de 1 et de 2 fr., on peut compter sur un tiers au moins des voyageurs pour les premières; c'est donc 75 fr. par voyage, et au bout de l'an 24,275 fr. de profit net, qui, ajoutés à l'intérêt du capital, formeraient un placement de fonds à 25 p. 100.

Or, il est certain que la circulation des voyageurs parcourant toute la ligne de Châlons à Lyon et *vice versâ* est de plus de 500 personnes par jour ; ce n'est donc pas faute d'alimentation si, aux prix de 1 et 2 fr. par personne, les bateaux à vapeur ne gagnent pas; la faute en est plutôt à leur trop grand nombre, circonstance qu'il est encore absurde de mettre sur le compte de la Saône.

Si le gouvernement, cédant enfin aux réclamations de plus en plus vives de l'opinion, intervenait d'une manière quelconque, je ne dirai pas contre la concurrrence, mais contre les abus de l'industrie voiturière, il est clair que les prix de revient de la Saône étant réduits à leur plus faible expression, avec quatre départs par jour qui serviraient autant que les sept ou huit dont on nous fatigue, et un matériel de 5 bateaux, dont un pour rechange, le tarif des places pourrait être fixé d'une manière définitive à 2 fr. 50 les premières, 1 fr. 50 les secondes, et laisser un large bénéfice aux entrepreneurs ou fermiers. Mais le gouvernement, qui a ses traditions et ses maximes, n'est point devenu encore partisan de l'ordre public ainsi entendu ; il regarderait comme un adversaire quiconque lui proposerait une semblable intervention. Le gouvernement protége par principe les gens qui se ruinent en ruinant les autres ; ne comprenant pas qu'il est un terme passé lequel la concurrence, au lieu de progrès et de bon marché, ne produit plus que cherté ou ruine; il fait consister sa sagesse à ne s'interposer en rien dans les choses de commerce et d'industrie : ainsi pensèrent Necker, Turgot, Colbert, Sully, et tous les hommes d'État de l'ancien régime; ainsi le veulent MM. Duchatel, Guizot, Thiers, Molé, et toutes les illustrations du nouveau, qui sûrement n'ont plus les mêmes motifs.

Du côté du pouvoir donc, nous n'avons pour le quart d'heure rien à attendre.

Mais, le chemin de fer arrivant, n'est-il pas possible que les entreprises de bateaux-voyageurs, à qui les prix de 1 fr. 50 et 2 fr. 50 promettraient un bénéfice net de plus de 200,000 fr. à partager entre elles chaque année , se réunissent tout à coup et fassent dans leur propre intérêt ce que le gouvernement ne peut se résoudre à provoquer dans le nôtre? Les spéculateurs du chemin de fer ont dû prévoir ce cas, et tabler en conséquence. Or, je dis que c'est précisément ce qui arrivera ; je dis que les services de bateaux-voyageurs s'arrangeront de manière à gagner de l'argent, même aux prix de 1 et 2 fr. par personne , pour peu qu'une concurrence les y force ; et ma conviction à cet égard est telle, que je soupçonne le gouvernement, dans sa sagesse bardée de préjugés, d'avoir conçu, créé en faveur du public , aux dépens de capitaux oisifs, et contre la concurrence des voituriers par eau, un instrument de garantie et de fixité pour les transports.

En résumé, le prix de revient du transport de Lyon à Châlons pour les houilles et marchandises, embarquement et débarquement non compris, varie aujourd'hui de 2 à 5 c. par tonne et kilomètre, et pourra descendre jusqu'à 2 ; — pour les voyageurs, il serait, avec huit départs, de 1 c. au plus, et avec quatre de 0 c. 5 par personne et kilomètre.

Jetons maintenant un coup d'œil sur la navigation ultérieure.

Depuis Saint-Jean-de-Losne, les grains et farines expédiés par le canal de Bourgogne descendent à Lyon au prix courant de 1 fr. le sac de 125 kilos, tous frais compris, moins le débarquement, qui d'habitude reste à la charge du boulanger. Depuis Dijon, le transport des mêmes denrées varie de 1 fr. 25 à 1 fr. 40; et sur ce prix il y a 10 c. de droit pour 29 kilomètres de canal, ce qui laisse subsister la même proportion. Supposons que le chemin de fer fixe son tarif, pour les marchandises de cette classe , à 12 c. (le tarif du chemin de fer de Paris à Lyon, annoncé récemment par les journaux, porte à 26 c. par tonne et kil. les transports de cette classe de marchandise); la différence, pour les farines de Troyes expédiées à Lyon, serait de 54 fr. par tonne en faveur de la navigation , le prix de voiture par le canal, avec la réduction du tarif, étant au plus de 4 c. Or, ainsi que l'a démontré Adam Smith , le négociant doit non-seulement se couvrir de son avance, mais encore de l'intérêt de cette avance et de la peine qu'il s'est donnée pour la faire ; le surcroît de 54 fr. pour frais de transport se traduirait immédiatement à Lyon en une augmentation de 10 c. par kilogramme sur le prix du pain. On sait combien sont délicates les questions de subsistances ; le chemin de fer n'aurait-il donc pour effet que de rendre la vie plus chère aux ouvriers de Lyon? Assurément ce n'est pas ainsi que l'entend M. de Lamartine.

Tout le monde sait que le gouvernement est dans l'intention de racheter les actions des canaux, et de réduire notablement, sinon d'abolir tout à fait, comme c'était la pensée de M. Humann, les droits de navigation intérieure. Si cette importante mesure financière était enfin adoptée, voici par aperçu ce qui arriverait.

Sur le canal de Bourgogne, la traction d'un bateau de Saint-Jean-de-Losne à la Roche (242 kilomètres) se fait communément par hommes au prix invariable de 150 fr., ce qui donne 54 millièmes par tonne et kilomètre. Le droit de navigation pour les vins, farines, etc., est de 4 c. par tonne et kilomètre, HUIT FOIS plus grand que le prix de traction. Aujourd'hui le prix moyen marchand de la voiture de vins de Mâcon à Bercy (570 kilomètres) est de 7 fr. 50 à 8 fr. la pièce, environ 50 fr. la tonne. Si les droits du canal, après le rachat des actions, étaient réduits seulement des trois quarts, une économie de 1 fr. 90 c. par pièce, soit 7 fr. 60 par tonne, serait réalisée, et le transport de Mâcon à Bercy par la Saône, le canal, l'Yonne et la Seine, ne coûterait plus au commerce que 4 c. par tonne et kilomètre. Un semblable résultat, qui n'empêche pas d'exécuter les chemins de fer là où cette exécution sera jugée nécessaire, doit être désiré par tout le monde, par les Parisiens et les Mâconnais, par les riverains de la Seine et de l'Yonne autant que par ceux de la Saône; et nous verrons que la ville de Lyon n'y est pas moins intéressée. Le chemin de fer seul peut-être n'y gagnerait rien.

Sur le canal du Rhône au Rhin on observe des faits analogues. Les houilles de la Loire qui se consomment aujourd'hui à Mulhouse coûtent de transport, depuis la garé de Perrache (440 kilomètres), d'après l'adjudication qui en a été faite au mois de septembre 1844, tous frais compris, 1 fr. 40 l'hectolitre, en d'autres termes 16 fr. 80 la tonne, ou 3 c. 8 par tonne et kilomètre. Dans cette somme sont compris les droits de navigation sur le canal, lesquels étant de 9 c. 9 par tonne et myriamètre, réduiraient, par leur abaissement au taux des droits de la Saône (1 c. 5), le transport des houilles à 2 c. 9, et, avec les améliorations promises pour la Saône, le canal et la traversée de Lyon, à 2 c. 5.

Le transport des marchandises pour la même destination, d'après les tarifs de divers services de navigation pour l'année 1844, coûte à peu près le double, 32 à 36 fr. la tonne, prix de commerce. Mais si l'on considère que les droits de navigation, compris dans ce chiffre de 32 à 36 fr., s'élèvent depuis 8 jusqu'à 12 fr. 50 la tonne pour toute la distance de Lyon à Mulhouse; qu'il dépend du gouvernement de les abolir, puis, par la création d'un chemin de fer latéral au canal du Rhône au Rhin, de contraindre les voituriers à réduire leurs frais en concertant leurs efforts, comme il est à la veille de le faire pour le transport des voyageurs sur la Saône; enfin si l'on tient compte des autres causes de réduction, on conviendra que le prix de 32 à 36 fr. n'est pas le dernier mot des navigateurs, et qu'on peut s'attendre à le voir tomber à 20 ou 24 fr., soit 4 c. 5 par tonne et kilomètre, marchandises prises en magasin et rendues à port:—Tous les entrepreneurs de navigation s'accordent à regarder ce chiffre comme prochainement réalisable.

Sur le canal du Centre, le transport des houilles s'effectue au prix courant de 20 c. les 100 kil. depuis la mine de Blanzy jusqu'à Châlons, tous frais compris, soit environ 3 c. 4 par tonne et kilomètre.

Tels sont, relativement au commerce des transports par la Saône et les canaux qui s'y embranchent, les principaux faits que nous avions à recueillir afin de motiver notre jugement sur les conséquences que peut avoir pour la ville de Lyon l'établissement des chemins de fer. En vain l'on fait briller aux yeux une célérité fabuleuse; les neuf dixièmes des matières transportées ne peuvent supporter de grands frais, et, pour elles, la régularité des arrivages est incomparablement plus essentielle que la vélocité. Toute la philosophie des transports de marchandises est dans la compensation intelligente de ces trois choses, que j'énonce ici selon l'ordre de leur importance; le prix, l'exactitude, le temps. C'est ce que je m'efforcerai de faire ressortir d'une manière de plus en plus éclatante.

Le projet de chemin de fer adopté par la Chambre des députés dans la session de 1844, et qui doit relier Paris à la Méditerranée, non-seulement ne s'arrête point à Châlons-sur-Saône, il doit encore se prolonger depuis Lyon jusqu'à Avignon; puis, par un embranchement de Dijon à Mulhouse, rejoindre la grande ligne de Paris à Strasbourg ; en sorte que , de la Méditerranée au Rhin, la voie de fer sera, sur tous les points, latérale et presque contiguë à la voie navigable. On a débité les plus beaux discours sur cette manière d'améliorer les cours d'eau et de rendre la navigation plus florissante, sur l'immense avantage que doivent en retirer Beaucaire, Lyon, Châlons, la France entière , mais surtout les populations vivant de batellerie et marine. Dans l'enthousiasme auquel on s'est abandonné, on est allé jusqu'à prétendre que cette rivalité des divers modes de communication décuplerait les transports, soutiendrait et perfectionnerait l'un par l'autre le système des canaux et celui des chemins de fer. De quelques exemples particuliers on a fait des théories générales, et du général on est arrivé de plein saut à l'absolu. A voir certaines relations , il semble qu'aussitôt le réseau des chemins de fer achevé, le territoire français portera 300 millions d'habitants.

A travers ce brouhaha d'hyperboles, tâchons de conserver du sang-froid.

Il existe en ce moment sur le Rhône six grandes exploitations : MM. Bonnardel frères et Four, Compagnies des Papin, des Aigles, des Sirius, Générale, et Nouvelle Compagnie méridionale. Ces services réunis disposent d'un matériel de 32 bateaux à vapeur de la force de 60 à 200 chevaux. Quatre bateaux actuellement en construction formeront , ajoutés aux premiers , un total de 39 paquebots à vapeur desservant toute la ligne du Rhône de Lyon à Avignon, Beaucaire et Arles, et représentant, avec le matériel accessoire, un capital de près de dix millions.

Il est à remarquer que les quatre paquebots actuellement en chantier , et qui seront chacun de la force de 200 chevaux , ont été commandés au Creuzot depuis qu'il est question du chemin de fer de Lyon à Avignon : ce qui prouve, ou que la compagnie propriétaire ne craint pas la concurrence du rail-way, ou qu'elle pense avec tant d'autres que le rail-way doublera la quantité de transports. Quoi qu'il en soit, donnons une idée générale de la navigation du Rhône.

D'abord, à la différence de ce qui se passe sur la Saône, le transport des voyageurs et des marchandises se fait, sur le Rhône, par les mêmes bateaux : le remorquage est nul. La base des chargements, l'objet principal de la spéculation, est dans la marchandise. Le nombre des voyageurs, tant à la descente qu'à la remonte, que transportent les bateaux à vapeur, ne dépasse guère en moyenne 300 par jour.

De Lyon à Beaucaire, Avignon et Arles, la durée moyenne du voyage est de 11 heures , et de ces dernières villes à Lyon, 32 heures.

Le prix du transport , qui est le même pour la montée et pour la descente, s'abaisse, quand il y a concurrence, jusqu'à 2 fr. et 4 fr. par personne, et 1 fr. 50 par 100 kilogrammes de marchandise ; — quand il y a coalition , il s'élève à 15 et 20 fr. par personne, et 3 fr. 50 et 4 fr. par 100 kil.

Entre ces extrêmes, quel est le prix normal ou prix de revient? car, d'après les mêmes considérations que nous avons développées plus haut pour la Saône, grâce aussi à l'impassibilité religieuse du pouvoir en présence des luttes commerciales, grâce surtout à la sagesse des Chambres qui achètent au prix de centaines de millions une réduction qu'elles pourraient obtenir par un seul acte de leur volonté législative, nous sommes à peu près certains que l'effet principal du chemin de fer de Lyon à Avignon sera, comme celui du chemin de Lyon à Châlons-sur-Saône , de fixer le prix de transport des voyageurs et des marchandises au prix normal de la navigation.

Personnel du bateau : 1 capitaine, 1 patron, 1 mécanicien, 4 mariniers, 4 chauffeurs et 1 mousse, 1,750 fr. par mois, par voyage......... 290 fr.

Combustible : force de la machine, 120 chevaux, durée du voyage allée et retour, 50 heures; — à 6 kil. par heure et force de cheval; charbon à 3 fr. les 100 kil............................. 1,080

Huile, suif et cordages...................................... 150

Réparations annuelles......................	8,000
Intérêt du capital 5 p. 100...................	9,000
Amortissement, 10 p. 100..................	18,000
Frais généraux de maison, 60,000 fr. par an, par bateau..............................	10,000
Avaries, accidents et assurances, par an 30,000 fr. par bateau..............................	5,000

Total par an....... 50,000

Par voyage, à 55 voyages par année.......................... 900

Total des dépenses d'un voyage......... 2,420 fr.

Cette somme, répartie sur 170,000 kil. de marchandises, dont 40,000 pour la descente, et 130,000 pour la montée, donne par 100 kil......... 1 fr. 42 c.

Embarquement et droits de navigation....................... » 25

Total du premier revient par 100 kil......... 1 fr. 67 c.

Pour un bateau de la force de 200 chevaux, tels que *le Mississipi* et *le Missouri*, appartenant à MM. Bonnardel, et *le Talabot* à la Nouvelle Compagnie méridionale, ajoutez au compte d'autre part, ci................... 2,420 fr.

Charbon, 80 chevaux...	720
Amortissement...	100
Un homme..	30
Déboursés divers..	50

Total. . . . . 3,320 fr.

Un bateau de la force de 200 chevaux descendra en moyenne 100,000 kil., et remontera 200,000, soit par 100 kil. 110 fr., et en ajoutant 25 c. pour l'embarquement et les droits de navigation, 1 fr. 35 [1]. La distance de Lyon à Beaucaire étant de 250 kilomètres, le prix de revient, largement évalué, du transport des marchandises, serait donc, par bateau de 120 chevaux, 6 c. 68, et par bateau de 200 chevaux 5 c. 4 par tonne et par kilomètre.

En supposant donc :

1º Que les services de navigation du Rhône, agissant dans l'intérêt général autant que dans le leur propre, au lieu de se faire une concurrence infructueuse, forment une association en capital, ou seulement concertent, selon une raison proportionnelle qui serait à déterminer, leurs départs respectifs;

2º Que, dans la vue de faciliter cet accord et d'assurer au public des avantages qui en résulteraient infailliblement, le gouvernement concède aux services établis le privilége de la navigation à vapeur sur le Rhône pour un temps que la loi fixerait (et pourquoi ne ferait-il pas une pareille concession, toujours modifiable et renouvelable, aussi bien et mieux encore que celle d'un

---

[1] Les entrepreneurs du Rhône avouent déjà qu'ils peuvent faire les transports de marchandises aux prix de 75 c. les 100 kilog. pour la descente et 2 fr. pour la remonte; ce qui donne pour le tout une moyenne de 1 fr. 58 c.

chemin de fer ?), sous là condition expresse que le tarif des concessionnaires serait fixé à 7 c. par tonne et kilomètre pendant le premier bail, et 5 à 4 fr. par personne pour la distance de Lyon à Beaucaire, et *vice versâ :*

Les services réunis de la navigation du Rhône auraient à se partager chaque année, 1° sur le transport des voyageurs, dixième pour le fisc déduit, un minimium de 545,600 fr., produit brut qui, n'ayant point été porté dans le calcul du prix de revient, se trouve être tout entier produit net ;—2° sur le transport des marchandises, débarquement et camionnage non compris, 7,480 fr., produit net par bateau de la force de 120 chevaux, 66,060 fr. par bateau de 200 chevaux, et, en supposant que le travail suffise à occuper constamment les deux tiers du matériel, une somme totale de 7 à 800,000 fr.

Mais nous n'avons pas porté en compte les économies à réaliser sur les frais généraux de maison, matériel, réparations, assurances, amortissement, qui tous, dans le système de concurrence, s'accroissent, non en raison du travail à faire, mais en raison des capitaux engagés et des risques courus ; économies qui, sans le moindre doute, élèveraient de moitié en sus les bénéfices de l'association. Or, une compagnie qui travaillerait ainsi sous la protection de l'État, et qui en vertu de son privilége retirerait de ses capitaux un intérêt normal de 10 à 12 pour 100, aurait-elle à se plaindre ? et le public à qui l'on ferait parcourir 60 lieues en une journée pour la somme de 5 fr. se croirait-il lésé ? Qu'on le reconnaisse donc : si nous n'avons pas à bon marché les transports de la Méditerranée au Rhin, et si en même temps les entrepreneurs de ces transports ne deviennent pas tous riches, c'est que le gouvernement ne le veut pas. Périsse la nation plutôt que le principe de concurrence ! c'est le cri de l'agiotage en fureur, c'est le refrain de nos trop débonnaires ministres, c'est l'illusion des monarchies modernes ; mais à coup sûr ce n'est point un aphorisme d'économie politique.

Les marchandises expédiées de Marseille pour la remonte du Rhône prennent la route de mer sur des bateaux alléges poussés par le vent ou remorqués par des bateaux à vapeur, et pénètrent dans le Rhône jusqu'à Arles, où elles sont transbordées dans les paquebots des Compagnies lyonnaises. Je trouve, par le tarif d'un service de Lyon, que la différence des prix de transport de Marseille à Lyon sur celui de Beaucaire est de 50 cent. par 100 kil.; en sorte que la totalité des frais de transport de Marseille à Lyon (345 kilomètres par le chemin de fer d'Avignon), chargement, transbordement et droits de navigation compris, s'élèverait de 5 c. 30 à 6 c. 50, moyenne 5 c. 80, par tonne et kilomètre.

Lorsque le chemin de fer d'Avignon à Marseille sera terminé, une partie des marchandises expédiées aujourd'hui par la voie d'eau, et la totalité de celles confiées au roulage, suivront la locomotive et viendront s'embarquer à Avignon, jusqu'au jour où la création d'une nouvelle ligne de fer de cette dernière ville à Lyon leur permettra de courir sur le rail-way sans rompre charge jusqu'au Havre.

Nous ne dirons rien de la navigation du haut Rhône, navigation périlleuse, à chaque instant interrompue, et d'ailleurs aussi mal alimentée, sauf les asphaltes de Seyssel et les malades qui, pendant l'été, vont prendre les eaux d'Aix, que peu profitable. S'il est vrai, comme certains prétendent, que la vertu particulière des chemins de fer soit de créer des transports, de faire naître les échanges et d'exciter une vive circulation d'hommes et de marchandises là où n'existaient auparavant que de faibles rapports de commerce et d'industrie, mon avis est qu'il faut se hâter de construire un chemin de fer de Lyon à Genève, avec embranchement sur Annecy, Belley, Chambéry et le Mont-Blanc. Actuellement, le nombre des diligences partant chaque jour de Lyon pour la Suisse et réciproquement, est de quatre, ce qui suppose à peine entre les deux pays une circulation journalière de cinquante personnes : il est temps qu'un chemin de fer vienne, par l'ardeur de ses locomotives, mettre un terme à cette léthargie. J'engage seulement les capitalistes français à s'entendre avec les gouvernements suisse et savoyard, afin d'obtenir de bonnes concessions, de bonnes subventions et de longs priviléges pour l'achèvement de cette ligne.

En résumé, tel est l'avenir des transports par eau de la Méditerranée au Rhin, pour peu que le gouvernement prenne souci de cette navigation :

Voyageurs :

De Lyon à Châlons, 150 kilomètres (distance de la rivière ramenée à celle du chemin de fer), 1 fr. 50 et 2 fr. 50 par personne;

De Lyon à Beaucaire, 250 kilomètres, 3 fr. et 4 fr.

Total de Châlons à Beaucaire, 380 kilomètres, 4 fr. 50 et 6 fr. 50, soit en moyenne 1 cent. 4 par kilomètre.

Marchandises :

De Marseille à Lyon.......................... 385 kilom. 6 cent.

De Lyon à Mulhouse.......................... 440   4

De Mulhouse à Strasbourg.................... 100   5

Moyenne pour toute la distance de Marseille à Strasbourg, ramenée à celle de la route, que je suppose devoir être au moins égalée par les chemins de fer (795 kilomètres), 4 cent. 2.

De Lyon à Saint-Jean-de-Losne................. 216 kilom. 2 cent. 5

De Saint-Jean-de-Losne à Bercy.............. 441   4

Moyenne pour toute la distance de Lyon à Paris, ramenée à celle du chemin de fer (515 kilomètres), 4 cent. 4.

CHEMINS DE FER.

M. Edmond Teisserenc, dans le tableau comparatif qu'il a publié des chemins de fer et des voies navigables, résume ainsi son opinion sur ces deux modes de transport :

Prix de revient à pleine charge, par tonne et kilomètre :

Batellerie accélérée des canaux.......................... 1 cent. $\frac{2}{3}$

Chemins de fer...................................... 1 $\frac{1}{3}$

Prix marchand moyen :

Batellerie... 12

Chemins de fer....................................... 12

Sur quoi M. Teisserenc fait cette observation :

« La différence entre le prix de revient et le prix marchand provient de ce que les départs se font rarement à pleine charge et les retours trop souvent à vide; de ce que les commissionnaires expéditeurs ou les concessionnaires de voies de communication qui en font l'office garantissent la conservation des marchandises qui leur sont remises, qu'ils ont des frais de personnel, de correspondances, des loyers élevés à payer, qu'enfin ils acquittent les droits de péage sur les voies qui en sont grevées. »

Je déclare, quant à moi, qu'après avoir lu l'observation de M. Teisserenc, ses chiffres me paraissent aussi incompréhensibles qu'auparavant. Je le demande à tout homme de sens commun : qu'est-ce qu'un prix de revient dans lequel on n'a pas fait entrer les inégalités de chargement, le personnel, le loyer des maisons, les frais de bureau, d'assurance, de péage, et je ne sais combien d'autres choses ; un prix de revient qui n'exprime que la moindre partie du prix de revient ?

Lorsque j'affirme que de Lyon à Saint-Jean-de-Losne, sur un parcours de 216 kilomètres, le prix de revient du transport est de moins de 2 cent., marchandise reçue et livrée en bateau, j'affirme une chose raisonnable, et non pas une particularité décevante, parce que j'ai compris dans mon chiffre tous les frais dont M. Teisserenc parle dans son observation, et qu'il rejette du prix de revient ; et quand j'ajoute que le prix moyen marchand, sauf certains monopoles, ne dépasse pas 5 centimes, je dis une chose dont je suis sûr, et que je défie qui que ce soit de démentir, ayant moi-même manipulé et tripoté, Dieu me pardonne, ces transports.

Lorsque je prétends que le transport des voyageurs pourrait très-bien s'effectuer de Lyon à Châlons au prix de 1 fr. 50 et même de 1 fr. par personne, et avec bénéfice, je prouve ce que j'avance en décomposant le prix, et j'indique au lecteur le moyen de s'assurer de la vérité de mon calcul. Qu'il s'informe, près du capitaine de l'*Hirondelle*, par exemple, si, lorsqu'il a 400 voyageurs à 1 et 2 fr., il n'a pas fait une belle recette.

Lorsque je dis ensuite que le transport par eau de Marseille à Beaucaire coûte 5 fr. par tonne, *prix moyen marchand*, ce qui fait 4 cent. 8 par tonne et kilomètre, distance ramenée à celle de la route, je ne sous-entends rien et ne fais pas d'équivoque, puisque je parle d'après les circulaires des maisons de Lyon.

Lorsqu'enfin je calcule à 6 cent. par tonne et kilomètre le prix auquel il serait facile de fixer les transports de Marseille à Lyon, *frais de maison et de débarquement compris*, je fournis tous les éléments de mon calcul, et n'ai pas peur de m'écarter de la vérité de plus d'un ou deux millièmes de franc.

M. Teisserenc, au contraire : le prix de revient de la batellerie accélérée est de 1 cent. $\frac{4}{5}$, à quoi il faudra ajouter d'autres frais accessoires et INÉVITABLES. Qu'est-ce, encore une fois, que le prix de revient de M. Teisserenc ?

Remarquons aussi la disposition du tableau de M. Teisserenc :

Prix de revient : Batellerie, 1 cent. $\frac{2}{3}$
Chemin de fer, 1 $\frac{1}{3}$
Prix marchand : Batellerie, 12
Chemin de fer, 12

D'après cela un homme qui raisonne ne peut manquer de se dire :

Le prix de revient d'un chemin de fer est à celui de la batellerie comme 4 est à 5 ; différence en faveur du chemin de fer, 1 cinquième.

Le prix marchand du chemin de fer est égal à celui de la batellerie ; différence en faveur du chemin de fer, la célérité.

Ce qui ajoute au prix de revient dans les deux systèmes, c'est le personnel, les loyers, les écritures, l'assurance, le chargement et le déchargement, etc. Or, il est à croire que l'administration d'un chemin de fer peut réaliser plus d'économies sur ses frais généraux que l'anarchie batelière : différence en faveur du premier, 3, 4, 5 cent. par tonne et kilomètre. Que de poissons iront se prendre dans cette nasse !

Est-ce là toute la vérité, rien que la vérité? M. Teisserénc est auteur de nombreux et volumineux ouvrages sur les chemins de fer; il s'est toujours montré peu favorable à la navigation ; il vient d'être nommé inspecteur-général des chemins de fer : ses chiffres sont suspects.

A mon tour, je consignerai une observation qui sera comme le point de mire de ma critique : c'est que, du moment où l'État s'interpose dans les opérations commerciales et industrielles, comme cela a lieu aujourd'hui pour les canaux et les chemins de fer, il doit avoir pour règle de livrer ses services au plus bas prix possible.

En effet, d'après les principes de l'économie politique, la mesure de la valeur, ou la loi du commerce, est l'offre et la demande. En vertu de ce principe, le vendeur surfait, l'acheteur déprécie ; le comble du génie en affaires est de savoir faire naître, par des combinaisons souvent très-profondes, les conditions les plus favorables soit à l'achat, soit à la vente. Suivre une autre marche, c'est, pour un négociant, se préoccuper de l'intérêt général plus que du sien propre; c'est usurper les attributions de l'État. Voilà pourquoi, en matière d'achat et de vente, comme de fabrication et de transport, la réalité, dont la connaissance est indispensable pour déterminer le possible, est si rarement elle-même l'expression du possible : le négociant, qui ne doit pas travailler pour autrui, mais pour soi; le négociant, que rien n'assure contre les oscillations commerciales et à qui il importe si fort de saisir l'occasion, se fait payer une prime, souvent énorme : et rien que la concurrence n'a le pouvoir de la réduire. De quelque industrie qu'il s'agisse, du moment que l'industriel est un simple particulier, sa règle est, non pas précisément d'arriver à la plus grande économie dans la production, mais d'obtenir la préférence sur le marché, par quelque moyen que ce soit, et d'élever sans cesse son prix de vente. Ainsi les compagnies de canaux et de chemins de fer n'étant elles-mêmes que de simples particuliers faisant concurrence à d'autres, tendent toujours à hausser leurs tarifs, et ne s'arrêtent qu'à la limite du roulage.

Mais supposons que l'État, la collection des citoyens, devienne entrepreneur, lors même qu'il agirait encore, pendant un temps, par l'entremise de compagnies : je dis qu'alors la loi du commerce change, et tandis que la tendance à la hausse et la concurrence sont le droit et la règle des particuliers, la recherche du plus bas prix possible est le devoir et la règle de l'État.

Tel est le principe que j'ai pris pour point de départ et pour règle de conduite dans ces recherches : prévoyant le cas où l'État prendrait fait et cause dans la navigation intérieure, comme il l'a fait dans les chemins de fer, j'ai voulu savoir, pour un parcours tout à fait spécial, quel pouvait être, dans les conditions actuelles du travail, le plus bas prix des transports, et conséquemment quel serait, sur ce point donné, le mode de communication le plus avantageux à l'État, à la ville de Lyon et aux autres localités riveraines. Je devais d'autant moins me contenter des prix nécessairement anormaux du commerce, que dans mon opinion tôt ou tard l'intérêt privé, forcé par le progrès naturel des choses, cherchera son salut dans des principes qui d'abord ne semblent faits que pour l'État. Cette chance devait donc être prévue. Qu'arriverait-il, en effet, si ce qui semblait devoir être exclusivement la loi de l'État devenait la loi des particuliers, pendant que le gouvernement se conduirait par les maximes de l'intérêt privé ? c'est que les rapports sociaux seraient intervertis ; le gouvernement ne serait plus qu'une maison de commerce soutenant une concurrence immense ; la classe officielle, aujourd'hui si nombreuse, une société anonyme en déconfiture ; et qu'une faillite, c'est-à-dire une révolution, serait imminente.

Il est regrettable que M. Teisserenc, inspiré sans doute par la rédaction du journal *la Presse*, obéisse à d'autres maximes, et qu'il ait pris des chiffres bruts pour des éléments certains d'évaluation. Mais si les chiffres de M. Teisserenc, considérés dans leur ensemble, sont, du moins pour la ligne de navigation dont je m'occupe, évidemment inexacts ; si leur opposition est déjà un piége, il est un nombre, parmi tous ces chiffres, qui peut être regardé comme vrai : c'est celui que le tableau a voulu mettre en relief, savoir, le taux de 12 cent. par tonne et kilomètre, comme *prix moyen marchand* des chemins de fer.

Mais quelle est sur ces 12 cent. la part des frais de personnel, de loyer, de bureaux, etc.; celle du bénéfice, d'abord en supposant les convois à pleine charge, puis à moitié charge, puis à tiers de charge ; quels sont ensuite la quantité de transports que peut exécuter un chemin de fer ; le minimum nécessaire à une bonne exploitation ; le maximum à espérer ; l'accroissement des frais comparativement à l'accroissement du travail ? Enfin, il fallait donner la preuve de tous ces nombres : or, rien de semblable n'a été fait par M. Teisserenc. Je passe sous silence tout ce qui concerne la construction et l'exploitation, sur lesquelles il y aurait bien d'autres questions à poser, et qui ne seront de longtemps résolues. *On ne connaît rien au commerce*, s'écriait Napoléon avec dépit : malgré tout ce qui a été publié sur la matière, on ne connaît guère davantage aux chemins de fer.

Douze centimes par tonne et kilomètre, tel est donc le prix moyen marchand des chemins de fer, c'est-à-dire prix le plus approchant du revient, c'est-à-dire enfin dernier prix. Essayons de rendre raison de ce chiffre. Je citerai des hypothèses, des calculs officiels, des faits contradictoires, et quelques résultats. Quand on raisonne sur l'inconnu, il convient de ne négliger aucune probabilité.

M. de Lamartine, s'exprimant par l'organe de son journal *le Bien public*, suppute ainsi les produits de la ligne de fer de Lyon à Châlons-sur-Saône. Son compte est bientôt fait :

400,000 tonneaux de marchandises, à 6 fr.	2,400,000
600,000 voyageurs, à 4 fr.	2,400,000
Total du produit	4,800,000

Le chemin de Châlons à Lyon coûtera 50 millions. Ses dépenses annuelles seront de 1,500,000 fr. Restent 3,300,000 fr., soit 11 pour 100 d'intérêts à partager aux actionnaires. Telle est l'hypothèse de M. de Lamartine.

Malheur à la nation dont un poëte administrerait les finances ! Elle pourrait dire à la banqueroute : Tu es ma sœur ; et à la misère : Je t'épouse.

Je trouve, par le tableau de M. Teisserenc, que les 866 kilomètres de chemins de fer français actuellement achevés ou à la veille de l'être, auront coûté 286,600,000 fr., matériel compris, soit en moyenne 330,946 fr. par kilomètre. D'après cette expérience, le chemin de fer de M. de Lamartine, ayant 130 kilomètres, coûterait 43,022,980 fr. (Le chemin de fer de Strasbourg à Bâle, construit dans les conditions de terrain les plus favorables, a coûté par kilomètre 325,000 fr.; celui de Paris à Orléans, 575,000 ; celui de Saint-Etienne à Lyon, 380,000.) A la somme de 43,022,980 fr., ajoutez, d'après devis estimatif d'ingénieurs, 10 millions, part afférente au chemin de Châlons, sur les frais de la traversée de Lyon d'après le projet le moins coûteux, total 55,022,980 fr.

Je trouve, d'autre part, d'après un calcul des frais de transport sur le chemin de Strasbourg à Bâle, rédigé sur documents authentiques, que la dépense de ce chemin, pendant l'année 1842, a été de 12,862 fr. par kilomètre pour un transport de 42,000 tonnes, ayant parcouru la distance de Strasbourg à Mulhouse. J'ignore quel a été le chiffre des voyageurs ; d'après le tableau de M. Teisserenc, la moyenne annuelle serait de 180,000. 12,862 fr. par kilomètre donneraient, pour 150 kilomètres, 1,662,000 fr. Or, quand on n'ajouterait à cette somme que les seuls frais de traction pour les 558,000 tonnes que transporterait le chemin de Châlons à Lyon de plus que celui de Strasbourg à Bâle, frais qui, selon M. Teisserenc, sont de 1 cent. $\frac{1}{2}$ par tonne et kilomètre ; plus une somme égale pour 220,000 voyageurs également en sus, on arriverait au total de 2,915,107 fr. 80 c., dépense annuelle. La moyenne de dépense du chemin de fer de Saint-Etienne à Lyon (56 kilomètres), pendant les années 1852-53-54-55, a été de 1,295,447 fr. 57 c., et pendant ces quatre années les dépenses ont toujours été en croissant. Le chiffre de 2,915,107 fr. 80 c. pour un chemin de 150 kilomètres n'a donc rien d'exagéré. Ajoutez à cette somme 1,590,687 fr., intérêt à 3 pour 100 de 55,022,980 fr., restent 296,205 fr. 20 c., soit 55 c. pour 100, pour l'amortissement, la réserve et les dividendes ; le prix de revient du transport, d'après le calcul ainsi rectifié de M. de Lamartine, étant de 4 cent. par tonne et kilomètre.

Il est clair que dans de semblables conditions le chemin de fer ne pourrait subsister, et qu'il faut élever le tarif.

Si l'on savait d'une manière certaine, ou seulement approximative, quel sera le tonnage annuel d'un chemin de fer, avant qu'il existe, et le nombre de voyageurs qu'il aura à transporter, on pourrait établir définitivement un prix de revient. Mais rien de plus décevant que les probabilités d'après lesquelles on se décide dans ces sortes d'affaires. Ainsi M. de Lamartine porte à 600,000 le nombre de voyageurs qui prendront la voie de fer entre Lyon et Châlons-sur-Saône : or, il est certain qu'aujourd'hui, malgré la commodité et le bas prix des bateaux à vapeur, ce nombre n'atteint pas 270,000 ; et je ne crois pas, pour des raisons que je déduirai plus loin, qu'il dépasse jamais de beaucoup 500,000. Si donc il arrivait que je fusse dans le vrai, et M. de Lamartine dans l'utopie, le prix des places par le chemin de fer devrait être au moins doublé, sous peine de ne pas couvrir les dépenses, ce qui porterait le tarif des voyageurs à 6 cent. 1 par personne et kilomètre. Quelquefois l'erreur a été en sens contraire : tout le monde sait que les fondateurs du chemin de fer de Saint-Etienne à Lyon n'avaient pas d'abord compté sur le produit des voyageurs ; cependant il est arrivé que ce sont les voyageurs qui forment la plus belle part du revenu de ce chemin. Force nous est donc, à défaut d'une certitude théorique, de nous en rapporter aux tâtonnements de l'expérience.

De toutes les expériences en matière de chemin de fer, la plus belle et la plus complète qui ait jamais été faite, est celle de la Belgique. Il a été transporté sur les chemins de fer de ce pays, pendant l'année 1842, 188,813 tonnes de marchandises, qui ont produit un mouvement de 13,123,070 tonnes à un kilomètre, la longueur totale du parcours étant de 597 kilomètres.

La dépense, pour le transport des marchandises, a été de 1,091,587 fr., soit par tonne de marchandises portée à 1 kilomètre, 8 cent. 31.

Si l'on ajoute à cette somme la part attribuable aux marchandises dans l'annuité qui a été couverte cette année par les produits du chemin de fer, part qui est de 648,000, soit par tonne et kilomètre, 4 cent. 93, on arrive au total de 13 cent. 25, prix exact de revient. Or, la recette ayant été de 1,739,542 fr. pour 1842, soit par tonne et kilomètre 13 cent. 25, il se trouve que sur les chemins de fer de Belgique la recette, pour le transport des marchandises, a égalé juste le prix de revient. Les documents que j'ai sous les yeux en ce moment ne parlent pas du transport des voyageurs.

C'est d'après un certain nombre de faits analogues qu'ont été adoptés les tarifs suivants :

	VOYAGEURS.	MARCHANDISES.	
		1re classe.	2me classe.
Belgique....................	8 cent.	10	15
Strasbourg à Bâle..........	4 c. 35 à 8 c. 55	10	14
Paris à Orléans............	5 c. à 7 c. 5.	9 c. 12	14 c. 16
Paris à Saint-Germain......	7 c. 5		
Saint-Etienne à Lyon......	7 c. à 8	9 c. 9	

Et pour donner une idée générale de l'effet de ces tarifs, nous dirons que les chemins de fer belges, exécutés par l'État, tendent constamment à réduire leurs prix de commerce aux prix de revient, et que l'idéal de bon marché que l'administration de ce pays se propose, après l'amortissement du capital, est, pour les *dernières places*, 3 cent. par tête et kilomètre, ce qui porte la moyenne au moins à 4 ; que le chemin de Strasbourg à Bâle, dans le dernier semestre de 1844, a donné 75 cent. de dividende à ses actionnaires ; que les actions du chemin de Lyon à Saint-Etienne, émises à 5,000 fr., sont cotées aujourd'hui à la Bourse 8,000, ce qui représente un intérêt de 8 pour 100 ; que le chemin de Paris à Rouen, d'après le tableau de M. Teisserenc, donne un résultat à peu près semblable, puisque si l'argent des capitalistes placé sur ce chemin rapporte 11 pour 100, les fonds prêtés par l'État, dividende compris, ne rapportent que 4 ; enfin, que le chemin de fer de Paris à Versailles, rive droite, transportant 1,080,000 voyageurs et 18,000 tonnes de marchandises, toujours d'après la même autorité, donne 1,67 pour 100 aux actions, tandis que celui de la rive gauche, avec 571,000 voyageurs, est en déficit.

En résumé, les lignes de fer les mieux alimentées, et conséquemment les plus productives, en France et en Belgique, avec des tarifs variant de 5 à 8 c. par personne et de 10 à 16 pour les marchandises, portent au maximum 8 à 9 pour 100 d'intérêt : le reste couvre à peu près ses frais, ou même est constitué en perte. Et, qu'on le remarque, les bénéfices recueillis dans les entreprises de chemins de fer ne portent pas sur la totalité des capitaux engagés ; mais seulement sur les actions industrielles d'abord, sur les actions de capital ensuite : il n'y a généralement qu'un faible intérêt pour l'emprunt, qui, fourni le plus souvent par l'État, forme tiers ou moitié du capital.

Aussi, malgré les saturnales de la bancocratie, l'opinion, tout en reconnaissant l'immense utilité des chemins de fer, commence à douter de leur valeur financière et spéculative ; et l'on se demande avec inquiétude s'il n'est pas de l'essence de ces merveilleux instruments de travail, pour produire tout leur effet, de prêter leur service sans rétribution. En vain certains porteurs d'annonces font descendre à 250,000 fr. par kilomètre, matériel compris, le coût d'un chemin de fer ; on sait que les 866 kilomètres déjà exécutés ont exigé 286,600,000 fr., c'est-à-dire en moyenne 330,946 fr. par kilomètre.

Les ingénieurs sont les premiers à dénoncer les hypothèses fallacieuses des ingénieurs : « L'exemple des canaux, dit M. Jules Séguin dans un profond et substantiel écrit de 44 pages, n'est pas usé, tout vieux qu'il soit. Le devis primitif était de 128 millions; ils en ont coûté déjà plus de 300, et ne sont pas finis. Les évaluations officielles pour le chemin de fer de Versailles renferment des erreurs non moins graves : ces travaux, estimés environ 4 millions par les ponts et chaussées, en coûteront 12, si ce n'est plus. » (M. Séguin écrivait en 1838 : l'événement a dépassé ses prévisions. Le chemin de la rive droite coûtera 18,500,000 fr.; celui de la rive gauche, 16 millions.) « L'évaluation des dépenses de construction du chemin de Saint-Germain avait été portée à 3,900,000 fr., et cette évaluation avait été donnée par le ministre comme vérifiée par l'administration. Or, le chemin de Saint-Germain n'est pas terminé, et les gens bien instruits disent déjà qu'il coûtera 15 millions. » (Il en a coûté 16.)

Les hommes d'État font servir leur autorité à réprimer le charlatanisme des compagnies et à calmer l'engouement des petits propriétaires. On lit dans *le Siècle* du 20 février 1845 : « Le ministre du commerce croit que le Conseil d'État ne se montrerait pas plus disposé que la Chambre des pairs à sanctionner des mesures qui ne seraient propres qu'à surexciter l'engouement public. M. Cunin-Gridaine, après avoir refusé de présenter au Conseil la demande faite par les administrateurs de la ligne d'Orléans à Bordeaux d'être autorisés à distribuer des dividendes, s'il y avait lieu, après la mise en activité du tronçon d'Orléans à Tours, et sans attendre le complet achèvement du chemin entier, vient de signifier aux administrateurs du chemin de Rouen qu'il ne pouvait davantage proposer l'admission d'actions nouvelles qui auraient été remises au pair aux détenteurs des actions primitives, dont le prix a plus que doublé. La compagnie devra pourvoir par voie d'emprunt au besoin de 9 millions qu'elle a constaté. » Tous les journaux du jour ont répété cette nouvelle.

Les populations elles-mêmes entrent en méfiance. Une compagnie patronée par les noms les plus illustres s'étant formée pour l'exécution du chemin de Dijon à Mulhouse, par la vallée du Doubs, au capital de 65 millions, les habitants de Besançon, les plus intéressés à cette ligne, ont formé une souscription de 1,500,000 francs. C'est le 42e, et après l'achèvement du chemin à peine le 60e de ce qu'il aura coûté. Une cité populeuse, commerçante et riche, qui fait jouer tous les ressorts pour que le chemin de fer de Dijon à Mulhouse passe dans ses murs, et qui offre d'y contribuer pour un 60e! Quel sujet de réflexions! Il est vrai que la ligne de Dijon à Mulhouse par Besançon serait latérale au canal du Rhône au Rhin, et que les Francs-Comtois passent pour être les Normands de l'Est : ils comptent sur la fougue des capitalistes et sur la complaisance de l'État.

Est-ce donc la condamnation des chemins de fer que nous avons voulu faire ressortir de ces faits et de ces témoignages? Non certes. Si telle était notre pensée, elle serait *à priori* fausse et absurde, car elle porterait sur les canaux, les rivières et les routes aussi bien que sur les chemins de fer. L'imagination des spéculateurs avait élevé sur les produits à venir des canaux des fortunes colossales; on sait quelle fut, après le rêve, la réalité. Le canal du Rhône au Rhin a coûté 50 millions; il produit à peine 400,000 francs en sus de ses frais d'administration et d'entretien, 1 fr. 33 c. pour 100 d'intérêt. Les recherches qui précèdent, et qu'il nous serait si facile d'étendre, n'ont pour but que d'arriver à cette conclusion, savoir : qu'il en sera des chemins de fer, en général, comme il en a été des canaux ; conséquemment que tous ces grands travaux d'utilité publique doivent être, et dans leur exécution et dans leur exploitation, soumis à un régime économique tout différent de celui des autres spéculations commerciales.

Avant de passer à de nouvelles considérations, rapprochons les prix déterminés plus haut pour la navigation des bassins de la Saône et du Rhône de ceux trouvés et généralement adoptés pour les chemins de fer :

SERVICE PAR EAU.

Voyageurs. . . De Lyon à Châlons et *vice versâ*, 1 fr. 50 et 2 fr. 50 ; soit 1 c. 15 et 1 c. 92 par personne et kilomètre.

———— De Lyon à Avignon et *vice versâ*, 5 fr. et 5 fr. ; — 1 c. 2 et 2 c.

Marchandises. De Lyon à Châlons, 3 fr. 25 à 5 90 ; — 2 c. 5 à 5 c. par tonne et kilomètre.

———— De Châlons à Lyon, 2 fr. 50 ; — 1 c. 92.

———— De Lyon à Avignon et *vice versâ*, 13 fr. 62 à 15 fr. 89 ; — 6 à 7 centimes par tonne et kilomètre.

———— De Lyon à Marseille et *vice versâ*, 19 fr. 58 ; — 6 centimes.

SERVICE PAR FER.

Voyageurs, 5 et 7 c. par personne et kilom. — De Lyon à Châlons et retour, 6 fr. 50 et 9 fr. 10.

———— De Lyon à Avignon et retour, 11 fr. 55 et 15 fr. 89.

Marchandises, 12 c. — De Lyon à Châlons et retour, 15 fr. 60.

———— De Lyon à Avignon. . . . . . 27 fr. 24.

———— De Lyon à Marseille . . . . . 59 fr. 16.

Dans tous ces chiffres, les distances par les cours d'eau ont été ramenées aux distances prévues pour le chemin de fer, les frais de déchargement et camionnage laissés en dehors.

Ainsi le transport des voyageurs sur toute la ligne navigable qui s'étend de Châlons à Arles (415 kilomètres) peut varier, selon les places, depuis 1 jusqu'à 2 centimes par personne et kilomètre, et laisser aux entrepreneurs un bénéfice, tandis que le tarif des chemins de fer est trois, quatre et cinq fois plus fort.

De Châlons, et si nous voulions remonter plus haut, de Saint-Jean-de-Losne à Lyon, le transport des marchandises est trois, quatre et cinq fois plus cher par le chemin de fer que par la navigation, et de Lyon à Marseille et *vice versâ*, une fois plus.

Il s'agit, d'après ces données, de prévoir ce qui arrivera quand le rail-way et la voie navigable, marchant côte à côte, se trouveront en concurrence. Et d'abord la concurrence s'établira-t-elle entre les deux véhicules? Le travail abandonnera-t-il la navigation pour se reporter sur le chemin de fer, ou la masse des transports restera-t-elle acquise à la première? En un mot, les raisons ou les prétextes allégués pour l'établissement de chemins de fer latéralement au Rhône et à la Saône suffisent-ils à justifier l'entreprise?

IMPOSSIBILITÉ POUR LE CHEMIN DE FER DE CHALONS A AVIGNON DE SOUTENIR
LA CONCURRENCE DE LA VOIE NAVIGABLE.

On a parlé de chômage, d'interruptions, et en premier lieu de sécheresse. Pour ce qui regarde la Saône, si MM. les ingénieurs chargés des travaux de cette rivière jugeaient à propos d'apporter au tribunal de l'opinion le contingent de leurs lumières, ils diraient que depuis deux ans cette cause d'insécurité et d'irrégularité a disparu. Autrefois, pendant les mois de juin, juillet, août, septembre, la Saône n'offrait aux bateaux sur une multitude de points qu'une profondeur de 18 à 22 pouces. Alors elle n'était réellement navigable que par intervalles, au moment des crues, qui faisaient sur elle l'effet d'éclusées. Aujourd'hui tous les passages difficiles sont améliorés, et quand la Saône est arrivée à l'étiage, on charge encore à 36 pouces. Là où les patrons s'attendent à bronquer, ils sont tout surpris de trouver à la sonde 1 mètre 10 à 1 mètre 20, profondeur suffisante à une belle navigation.

Sur le Rhône, les interruptions pour cause de sécheresse persistent et persisteront longtemps encore, tant que le gouvernement ne s'occupera pas d'une manière plus efficace à en rendre la navigation régulière. D'après un savant Mémoire d'un jeune ingénieur, M. Surrell, qui paraît s'être occupé spécialement de l'étude du Rhône et dont M. Blanqui a cité le travail avec éloge dans une séance de l'Académie des sciences morales et politiques, ce n'est pas seulement par des travaux de dragage et de chaussées qu'il convient de combattre et de discipliner le Rhône, c'est surtout par le reboisement des montagnes dont la dénudation a changé les affluents du Rhône en torrents périodiques et dévastateurs. Or, on sait qu'un intérêt plus puissant encore que celui de la navigation, l'intérêt même du sol et des climatures, commande impérieusement de recréer les forêts ; ainsi, par l'enchaînement naturel des causes, nous ne pouvons travailler à l'amélioration du territoire sans travailler en même temps à celle de la navigation, et conséquemment sans favoriser la concurrence des voies navigables contre les chemins de fer.

Ici se place naturellement une réflexion. Les inconvénients qu'éprouvent les entrepreneurs de transports à se servir des cours d'eau par suite d'inondation, de sécheresse, etc., peuvent bien pour eux produire une suspension de travail, mais n'arrêteraient pas leur concurrence, d'autant mieux que ces interruptions étant prévues, le commerce s'y accommode et se dirige pour ainsi dire, comme les récoltes et les semailles, sur la marche des saisons. Pendant tout l'été de 1844, la Saône entre Lyon et Verdun n'a présenté nulle part moins de 1 mètre à 1 mètre 10 de mouillage ; les bateaux de houille sont constamment partis à la remonte à la charge de 115 à 120 tonneaux. Dans le même temps, le Rhône, grossi par la fonte des neiges, présentait les circonstances les plus favorables à la navigation infra-lyonnaise, et pourtant durant toute cette période, les transports ont été rares sur la Saône et les expéditions peu abondantes. En serait-il de l'industrie voiturière comme de l'agriculture ? et à part certains produits extractifs ou manufacturés, le transport des marchandises serait-il soumis en général à une loi de périodicité ?...

Mais, sans nous engager dans une question aussi difficile, il est certain au moins que le commerce ne s'approvisionne et n'expédie que par fragments et à fur et mesure de la demande ; que les livraisons ne sont ni continues ni d'une importance égale ; que cette continuité n'est point du tout nécessaire, et que le négociant est toujours à même de profiter des occasions de meilleur marché qui lui sont offertes. Il ne s'agit donc pas de savoir si la continuité de travail d'un chemin de fer est préférable aux interruptions éventuelles des voies navigables (la question ainsi posée ne peut laisser aucun doute), mais si le travail de la navigation, tout interrompu qu'il soit, ne rendra pas vain ou du moins extrêmement onéreux celui des chemins de fer. C'est ce que nous examinerons tout à l'heure, en arrivant au fait même de concurrence.

Après la sécheresse, dont l'action, comme nous venons de le dire, est désormais insensible sur la Saône et doit un jour et infailliblement être amoindrie pour le Rhône, les partisans quand même du chemin de fer accusent les grandes eaux. Les grandes eaux pouvaient être un obstacle redoutable quand la remorque avait lieu par chevaux; mais on ne se sert plus de chevaux. Et qu'importe aux paquebots du Rhône que les chemins de halage soient couverts? Qu'importe aux remorqueurs de la Saône que les berges soient inondées tant que, de remonte, leurs relais peuvent les suivre jusqu'à Saint-Bernard? Les grandes eaux pour la vapeur sont plutôt une circonstance favorable que nuisible, si ce n'est peut-être lorsque la surface liquide étant arrivée à 6 mètres au-dessus de l'étiage, il n'est plus possible aux remorqueurs de passer sous les ponts. Or, avant qu'il fût question de chemins de fer, MM. les ingénieurs des ponts et chaussées avaient prévu cet inconvénient, et l'on a commencé l'année dernière à rehausser les arches des ponts à piles et à relever le tablier des ponts suspendus. Quelques centaines de mille francs suffiront à exécuter cette réparation sur toute la Saône. Je conviendrai toutefois que si le chemin de fer de Châlons à Lyon est exécuté, une semblable dépense serait pour l'État en pure perte.

Laissons donc les ponts si l'on veut, puisque en cas d'inondation, nous aurons un supplément; ne touchons ni à leurs arches ni à leurs tabliers. La navigation sera-t-elle pour cela interrompue? Point du tout. En novembre 1842, la Saône pendant près de quinze jours fut si haute, que les remorqueurs ne passaient plus aux ponts de Mâcon et Châlons. Qu'arriva-t-il? Remorqueurs et bateaux de voyageurs se mirent en correspondance de chaque côté des ponts; et comme là où des paquebots avec leurs cheminées et leurs larges tambours ne sauraient passer, des bateaux plats chargés de houille et de marchandises passeraient dix fois; comme les voyageurs se transbordent d'eux-mêmes et en un clin d'œil, on vit pendant cette crue extraordinaire et prolongée la circulation des personnes et des marchandises, entre Lyon et Verdun, plus pressée et plus rapide qu'elle n'exista jamais.

Il est vrai que cette manœuvre exige un peu d'accord entre les entrepreneurs; mais à défaut de bonne volonté, le gouvernement ne pourrait-il, dans le cas d'urgence et pour quelques minutes, leur imposer ce qu'il pratique si bien avec les Anglais, l'entente cordiale?

Mais les brouillards?... Quand les brouillards seront assez épais pour arrêter, de Mâcon à Lyon, les bateaux à vapeur, la prudence commandera de suspendre les convois sur le chemin de fer, courant dans la même vallée que la Saône et presque au même niveau. La même observation s'applique à la nuit. Depuis l'invention des bateaux à vapeur, la marche des équipages n'est plus interrompue, si ce n'est par une complète obscurité, chose qu'on ne saurait encore dire d'une manière absolue des chemins de fer. On parle, il est vrai, de rendre les rail-ways praticables à toute heure de la nuit en les éclairant par des phares. S'il en est ainsi, qui empêche d'éclairer de même la rivière? Mais nous demanderons plutôt à quoi bon ce travail de nuit, à moins que la patrie ne soit en danger et qu'il ne s'agisse de transporter en vingt-quatre heures 50,000 hommes d'une extrémité à l'autre du royaume?

Le préjugé général sur les chemins de fer est tel, qu'au lieu d'y voir surtout un moyen de rapprochement et de communications fréquentes entre les hommes, on n'y aperçoit qu'un moyen de parcourir les plus longues distances à vol d'oiseau et sans la moindre interruption. Il semble que l'idéal du genre serait un rail faisant le tour du globe en suivant exactement une parallèle du zodiaque ou du méridien. C'est sous l'impression de cette idée qu'un de nos députés a dit à la tribune (21 juin 1844) : « Selon une haute économie, tout doit aller trouver les chemins de fer, tandis qu'eux-mêmes ne vont chercher personne. »

Nos voisins les Allemands l'entendent d'une tout autre manière : « L'enthousiasme des Allemands pour les chemins de fer, dit M. Teisserenc, puise bien plutôt sa source dans des considérations d'un ordre politique, dans les espérances d'un ardent patriotisme, que dans un besoin sérieux de célérité. Ici la vitesse est surtout appréciée comme supplément de bien-être, comme moyen d'éviter les fatigues des voyages de nuit. Pour la grande masse des Autrichiens, le temps n'est précieux qu'autant qu'il facilite la satisfaction des besoins matériels... »

Les chemins de fer vont déjà trop vite pour les Allemands, et encore trop lentement pour nous. Voilà pourquoi, à force de chercher la ligne droite, la masse de nos voyageurs sera obligée de faire plusieurs lieues à pied pour aller trouver le chemin de fer, puis pour se rendre à destination : « Le chemin de fer, disent nos législateurs, *ne doit aller chercher personne,* » Vous verrez aussi que pour l'agrément de quelques individus ayant à parcourir une longue distance, on entretiendra un personnel de rechange qui fera marcher toute la nuit les locomotives.

Un autre grief est tiré des glaces. Pendant les quatre derniers hivers, la totalité des jours de chômage provenant de cette cause a été sur la Saône de 35 jours, charriement et débâcle compris, ce qui donne en moyenne 9 jours par an. Sur le Rhône, ce chiffre doit être plus faible, et dans les canaux plus élevé. Il est incontestable que pendant cet intervalle, les chemins de fer reprennent tous leurs avantages. Mais, comme nous l'avons dit plus haut, ce n'est pas un monopole de 9 jours par an qui peut les soutenir, et rien ne prouve que le commerce, tout en profitant de la voie de fer pour le strict nécessaire, assurera aux compagnies, par reconnaissance, ses transports à l'année. Or, 9 jours de produit ne payeront jamais le travail de 365 ; 9 jours d'à-propos ne feront pas renoncer à 11 mois de bon marché. L'inconvénient des glaces ne suffit donc pas plus que les précédents pour rassurer complétement sur l'avenir des chemins de fer.

L'infériorité réelle, capitale des voies navigables comparées aux chemins de fer, provient de la lenteur et de l'inégalité de leur marche. Pour bien apprécier l'avantage que peut en espérer l'entreprise du chemin de Châlons-sur-Saône à Lyon et Avignon, il faut distinguer, comme nous l'avons fait déjà tant de fois, les voyageurs et les marchandises.

1° *Voyageurs.* — De Châlons à Lyon, le trajet se fait tous les jours, par les bateaux à vapeur, en 7 heures et souvent en 6 ; de Lyon à Avignon, en 10 et 11. Le chemin de fer en emploiera au moins 4 dans le premier cas et 8 dans le second. Car s'il est vrai qu'une locomotive lancée à pleine vitesse peut atteindre jusqu'à 40 kilomètres à l'heure, il est certain aussi que par la nécessité des stations, cette vitesse est souvent réduite à 25, et sur ce point l'on peut dire que les annonces les plus officielles sont empreintes de charlatanisme et de mensonge. Le tarif imprimé du chemin de fer d'Alsace marque 5 heures 35 minutes pour le trajet de Strasbourg à Mulhouse (100 kilomètres). Tout le monde sait que ce voyage ne dure jamais moins de 4 heures. Or, s'il y a quelque chose de miraculeux à faire, en 4 ou 5 heures, pour la somme de 6 francs 50 cent., un voyage de 32 lieues et demie, qui demanderait par la plus belle route trois journées de marche, plus la dépense pour les repas et la couchée, il est incontestablement plus avantageux encore pour le pauvre piéton de franchir le même espace en 6 ou 7 heures pour *trente sous*. De même, après avoir goûté le plaisir de faire 60 lieues en 9 heures pour 12 francs, il ne manquera pas l'occasion d'en faire 60 autres en 12 heures pour 4 francs.

La célérité, comme toute autre chose, s'estime à la mesure vulgaire des valeurs, qui est l'argent; or, il est sensible pour tout le monde qu'une économie de deux tiers de journée est plus chère à 6 fr. 50 que l'économie d'une demi-journée à 1 fr. 50, comme trois quarts de journée sacrifiés en dépensant 12 francs laissent moins de bénéfice que la journée sacrifiée en ne dépensant que 5 francs. Il peut se présenter des cas exceptionnels; mais, comme nous le disions tout à l'heure à propos des interruptions causées par les glaces, l'exception particulière ne peut être l'objet d'une fondation d'utilité générale : on ne dépense pas 140 millions pour le plaisir de quelques milords.

A la descente donc, le chemin de fer doit peu compter sur les voyageurs. Voyons ce qu'il peut espérer à la remonte.

De Lyon à Châlons, le voyage par bateau à vapeur s'effectue en 9 et 9 heures et demie. La durée du même voyage par le chemin de fer et le prix des places par les deux modes de transport demeurant les mêmes, nous nous trouvons avec cette proposition : la journée de travail étant supposée de 12 heures et la durée du voyage 4 et 9, 8 heures seront économisées par le chemin de fer moyennant la somme de 6 fr. 50, et 3 heures seulement par la voie d'eau moyennant 1 fr. 50; fixant à 5 francs la journée de travail, on trouvera, en additionnant la valeur du temps perdu avec le prix des places, que la dépense totale du voyage par fer est de 7 fr. 50, tandis que par eau elle n'est que de 5 fr. 75, juste moitié. Ici encore, la concurrence dans les termes où nous l'avons placée est impossible.

D'Avignon à Lyon, la différence est beaucoup moindre. Nous avons dit que la durée de ce trajet était aujourd'hui de 32 heures. Pour raisonner plus à l'aise, considérons ces 32 heures comme équivalant à une perte de deux journées de travail. La dépense totale du voyage sera donc de 10 francs par eau et de 15 francs par fer; mais l'ennui étant un mal dont on se rachète volontiers, il y aura concurrence. En supposant une circulation annuelle de 100,000 voyageurs parcourant toute la distance de Lyon à Avignon, la moitié serait enlevée par les bateaux à vapeur de décise; l'autre moitié serait partagée selon une proportion qu'il est impossible aujourd'hui de déterminer. Mais quelle que soit la part échéant au chemin de fer, elle ne lui produira jamais un million de recette, c'est-à-dire pas le quart du capital qui sera engagé dans cette ligne.

C'est ici le cas de noter le plus formidable inconvénient qu'auront à vaincre les entrepreneurs du chemin de fer de Lyon à Avignon. Sans doute leur intention n'est pas de conduire leur ligne sur les plateaux déserts, en conséquence de ce fameux principe de haute économie que *tout doit aller trouver les chemins de fer, et qu'eux-mêmes ne vont chercher personne*, mais bien de rallier tous les points importants et populeux. Or, la plupart des localités que le chemin de fer est appelé à desservir sont situées sur le Rhône, tantôt à droite, tantôt à gauche : si bien que le rail-way sera obligé ou de suivre perpétuellement le cours du fleuve, ou de multiplier les embranchements, ou d'omettre des localités importantes, et par là de rendre la concurrence contre lui plus facile. Cette disposition topographique est le boulevard de la navigation du Rhône : avec la modicité de prix à laquelle elle peut descendre et une organisation de services spéciaux et généraux sur toute la ligne, elle peut tuer le chemin de fer dont on la menace avant même que le premier rail ait été appliqué.

Je ne m'arrêterai point à l'objection qui a été faite sur le défaut de coïncidence qu'il y aurait entre l'arrivée à Châlons, par le chemin de fer, des voyageurs à destination de Lyon et le départ des bateaux à vapeur, et réciproquement entre l'heure de l'arrivée des bateaux de remonte et le départ de Châlons des convois du chemin de fer. Cette coïncidence existera si on le veut et n'existera pas si on ne veut pas : cela dépendra de l'intelligence que les entrepreneurs de transports par eau mettront à accommoder leurs services aux heures d'arrivée et de départ de la voie de fer.

On insiste cependant. Les voyageurs partis le matin de Paris et arrivant à Châlons dans la soirée seraient obligés de perdre une nuit à l'auberge en attendant le départ des paquebots, tandis que par le chemin de fer ils arriveraient à Lyon sans stationnement. Il y aura donc économie pour le public et pour l'État à supprimer cette navigation de Châlons-sur-Saône et à poursuivre le chemin de fer.

Le chemin de fer de Paris à Châlons n'aura pas moins de 515 à 530 kilomètres, ce qui suppose au moins 18 à 20 heures de marche, en n'admettant aucun stationnement de route. Ajoutez 4 heures de Châlons à Lyon; total 22 à 24 heures pour le trajet de Paris à Lyon. Supposez la vitesse des trains à 40 kilomètres par heure, la durée totale du voyage serait encore de 16 heures; et puisqu'il est question d'aller de Paris à Marseille en 24 heures, on suppose donc qu'il n'y aura pas d'interruptions pour la nuit. Cela étant, qui empêche de faire partir de Paris les voyageurs à destination de Lyon par le convoi de 4, ou si l'on préfère par celui de 8 heures ? Par ce moyen ils arriveraient juste à Châlons à 9 ou 10 heures du matin, et à Lyon à 4 ou 5 du soir, et le stationnement de Châlons serait évité.....

Mais nous ne faisons que reculer la difficulté. La nuit qu'on aurait gagnée à Châlons, on la perdrait infailliblement à Lyon, les bateaux du Rhône ne partant que le matin. D'ailleurs une telle complaisance pour les intérêts du public et des navigateurs ne doit point être attendue des compagnies de chemins de fer.

Nous voici donc, avocats de la voie navigable, acculés dans une impasse et, malgré toutes les combinaisons, forcés de convenir qu'un voyageur allant de Paris à Marseille : 1° par le chemin de fer de Paris à Châlons, 2° par la Saône, 3° par le Rhône, 4° par le chemin de fer d'Avignon à Marseille, serait obligé de passer une nuit à l'hôtel pendant son voyage et peut-être deux. Comment sortir de cette difficulté ?

Reprenons nos calculs. De Châlons à Avignon par les bateaux à vapeur, la descente coûtera 5 fr. 50, plus une nuit, que nous coterons comme équivalant à une journée de travail; par le chemin de fer, elle coûtera 19 francs. Il y aura bénéfice de 11 fr. 50 pour le voyageur à se délasser à Lyon une soirée et une nuit. A la remonte, les prix de part et d'autre restant les mêmes, avec une journée de plus que nous coterons, nourriture et temps, à 5 francs, le bénéfice pour le voyageur sera encore de 8 fr. 50. Il est vrai que nous aurons peu à compter pour la reprise sur la bienveillance du chemin de fer. Mais si le service n'éprouve aucune interruption ni de nuit ni de jour, nos voyageurs sont sûrs de ne jamais manquer l'heure du départ; si au contraire le chemin de fer supprime le travail de nuit, l'objection tombe d'elle-même.

Mais qui donc court ainsi tout d'une haleine de Paris à Marseille? Sur un convoi de 100 voyageurs, combien y en a-t-il qui aillent à plus de vingt lieues? Consultez les registres des compagnies de chemins de fer et des services de navigation, et vous verrez que sur un parcours de 50 lieues, un convoi se renouvelle dix fois et ne conserve pas identiquement à l'arrivée la moitié des individus qu'il avait au départ. Pour cette masse de personnes qui s'embarquent entre les points extrêmes d'une ligne, la question de nuit et de jour est à peu près nulle; et s'il peut quelquefois leur convenir de partir de grand matin, on peut dire qu'en général il ne leur conviendrait pas du tout d'arriver à minuit, comme cela aurait lieu pour les voyageurs descendant à Lyon par le chemin de fer. C'est donc principalement sur le travail de jour que portera la concurrence. A cet égard, la démonstration est faite, et nous n'avons plus rien à dire.

2° *Marchandises.* — On paraît compter beaucoup, pour le chemin de fer de Châlons à Lyon, sur le transport des marchandises précieuses, étoffes, soieries, bijouterie, chapellerie, quincaillerie, etc. Il est sûr que si le chemin de fer pouvait obtenir dès son début une spécialité de quelque importance, il serait par cela seul plus à même de soutenir la concurrence sur d'autres parties; et réciproquement si les services de navigation ont des transports qui leur soient propres, ils devront trouver dans cette espèce de monopole un moyen d'attaquer plus vivement le chemin de fer.

Les calculs les plus exagérés portent à 700,000 tonnes le mouvement de marchandises qui s'opère annuellement sur la place de Lyon. Sur cette quantité, 500,000 tonnes entrent ou sortent par la voie d'eau; 200,000 sont supposées suivre les routes de terre ou de fer. Les houilles qui arrivent de Saint-Étienne et Rive-de-Gier pour la consommation de la ville (40,000 tonnes) sont exceptées de cette évaluation. Sept routes principales, s'irradiant de Lyon comme de leur centre, servent, avec le Rhône et la Saône, aux importations et aux exportations. Divisant par 7 le chiffre de 200,000 tonnes, que l'on croit former l'importance du roulage, on trouve pour la part du chemin de fer de Châlons à Lyon, 28,571, soit si l'on veut 30,000, représentant, à 16 centimes, un produit brut de 654,000 francs, quart environ des frais d'exploitation. Pour arriver à des bénéfices, il faut, en l'absence d'une recette confortable sur les voyageurs, décupler au moins la quantité des marchandises, c'est-à-dire qu'il faut élever le tonnage au chiffre de 300,000 tonnes pour 130 kilomètres. Voyons ce qu'il y aurait à espérer.

D'après les rapports officiels, sur 500,000 tonnes dont se composerait le cabotage lyonnais, entrées et sorties, trois quarts ont lieu par le Nord et un quart par le Midi. La part de la Saône, que le chemin de fer doit suppléer, serait donc de 375,000 tonnes, rapportées au parcours total de Lyon à Châlons et *vice versâ*. Sur ce chiffre, les mêmes rapports officiels constatent que deux tiers appartiennent à la descente et un tiers au plus à la remonte. En 1843, le bureau de navigation de Serin a constaté le départ à la remonte de 1,040 bateaux, jaugeant ensemble 45,000 tonnes, du 22 septembre au 22 décembre, c'est-à-dire pendant le trimestre le plus abondant ; tandis que l'année précédente, le bureau de Mâcon avait constaté une circulation de 500,000 tonnes, formant environ 5,000 bateaux à charge, dont 3,000 à la descente et 2,000 à la remonte, et parmi ces derniers un très-grand nombre chargés de vins pour Paris dans les ports intermédiaires.

Ainsi des 575,000 tonnes faisant chaque année le trajet de la Saône entre Lyon et Châlons, deux tiers, ou 250,000, peuvent descendre à Lyon au prix de 1 c. 92 par tonne et kilomètre, marchandise livrée à port, tous frais compris, avec bénéfice pour l'entreprise, le prix actuel de commerce ne s'élevant guère au-dessus de 2 c. Cette descente s'opère à la rame dans le temps moyen de 60 heures, et par la remorque à vapeur en 12. Les remontes par vapeur prennent deux jours, et par chevaux quatre. Dans ce dernier cas, le prix varie de 2 c. 5 à 5 c. par tonne et kilomètre. Il s'agit de savoir si l'intérêt des valeurs transportées par un service de navigation pendant deux et quatre jours, ajouté au montant de la voiture, dépassera ou non le taux du chemin de fer, augmenté de l'intérêt compétent.

Le chargement d'un remorqueur partant de Lyon à la remonte étant évalué à 100,000 francs (marchandises, 250 tonnes, 80,000 fr. ; houille, 400 tonnes, 20,000 fr.), l'intérêt, à 5 pour 100 l'an, donnera 8 c. par tonneau de marchandise pour deux jours, et 1 c. 56 millièmes pour un tonneau de houille. Cette somme, ajoutée au prix de transport pour 150 kilomètres, d'après les tarifs déterminés de part et d'autre, fait naître les rapports suivants :

Transport par eau, intérêt compris ; distance, 150 kilomètres (*remonte*). — Marchandises, 5 fr. 98 la tonne ; houille, 3 fr. 26 c. 36.

Transport par le chemin de fer, intérêt compris, 1 jour. — Marchandises, 15 fr. 64 ; houille (9 c. par tonne et kilomètre), 11 fr. 77.

L'intérêt étant la seule manière d'évaluer le temps perdu par la marchandise en route, comme la journée de travail est la seule manière d'évaluer le temps perdu par le voyageur, il est évident par ce qui précède que si le service de navigation s'exécute d'une manière passable seulement pendant huit mois chaque année, l'avantage de la célérité par le chemin de fer changerait si peu l'énorme disproportion du prix de voiture, que l'on peut se dispenser d'y avoir égard.

Toutefois nous entrerons plus avant encore dans cette considération de la célérité ; elle le mérite sous tous les rapports, et pour les risques dont elle affranchit et pour les bras qu'elle est censée occuper de moins. Ce n'est pas d'ailleurs une célérité appréciable par heures et minutes et pour des colis de 50 kilogrammes que le commerce demande ; c'est une célérité qui gagne des semaines et des mois sur des masses de 10 et 100,000 tonnes. Ce n'est pas non plus pour la plus grande gloire de quelques fabricants d'objets de luxe, dont le peuple n'a pas encore appris l'usage, que nous voulons des communications faciles et rapides ; c'est surtout pour mettre sous la main du pauvre et rendre moins chères à tous s'il est possible les choses de première nécessité. L'utile d'abord ; le riche et le luxueux viendront après.

Sachons donc qui d'une rivière comme la Saône ou d'un chemin de fer peut le mieux remplir ces conditions d'économie populaire, puisqu'en tout ceci l'on semble se préoccuper si fort des intérêts du peuple.

Lorsque la Chambre de commerce de Châlons, dans son adresse au ministre des travaux publics, a dit que les marchandises remorquées mettaient 36 à 40 heures pour se rendre de Lyon à Châlons, elle a oublié de rappeler en même temps que ces marchandises arrivaient par convois de 800 à 1,000 tonneaux, et qu'avec un matériel de huit remorqueurs, de pareils arrivages pouvaient se renouveler deux fois par jour : double circonstance qui n'était point du tout indifférente. Pour exécuter le même travail, quel temps faudrait-il à un chemin de fer ?

Lorsque, sur un rail-way, on ne fait partir qu'une seule locomotive pour un train de marchandises, on n'est guère dans l'habitude de lui donner plus de 12 à 15 wagons, soit de 45 à 50,000 kil. de poids utile. Quelques auteurs prétendent qu'on peut aller jusqu'à 110,000 : mais il en est à peu près de cette charge comme de la vitesse de 50 kilomètres à l'heure ; c'est une prévision qui n'a point encore été réalisée. Quoi qu'il en soit, un convoi de 1,000 tonneaux traîné sur la Saône par un remorqueur de la force de 60 à 80 chevaux et rendu à destination en trois jours, formerait, à 50,000 kil. par train, vingt convois sur le chemin de fer, et à 100,000, dix. Or, comme en bonne administration il est imprudent de lancer sur un rail-way, dans un même jour et une même direction, plus de *trois* convois de voyageurs et *trois* de marchandises, il se trouve, de compte fait, que le chargement de deux remorqueurs expédiés chaque jour par un service général de navigation, mettrait 12 jours dans les circonstances ordinaires, et 6 dans les conditions les plus favorables, pour franchir, par la voie de fer, le même trajet qu'il franchit souvent par eau en 40 heures. M. de Lamartine, dont l'imagination ajoute à la puissance même de la vapeur, au lieu de six convois par jour sur le chemin de fer, en fait partir 12 : soit ; M. de Lamartine arrive en même temps que la batellerie, et pour peu que la presse exige le départ d'un troisième remorqueur, il sera bientôt dépassé.

Le public, que les journaux n'ont eu garde de mettre au courant de ces détails, s'est fait de si étranges illusions sur les chemins de fer, qu'il faut une sorte de violence pour le désabuser. L'espèce de superstition la plus tenace est celle qui se croit appuyée sur des chiffres : aussi ne serais-je point surpris que les évaluations comparées qu'on vient de lire ne parussent tout à fait chimériques à des esprits séduits par les plus fabuleux calculs. Citons des faits.

Le tarif officiel imprimé du chemin de fer de Strasbourg à Bâle demande *trois jours* pour rendre à destination les marchandises dont le parcours doit être de plus de 70 kilomètres : au lieu de trois jours, je ne serai point injuste de dire, car j'en ai été témoin, que le chemin de fer en met *huit*. Dans le même laps de temps, les bateliers de l'*Union* parcourent trois fois la même distance sur le canal : aussi leur service, malgré les réductions tentées par l'administration du chemin de fer, est généralement préféré.

La ville de Colmar a si bien senti ces inconvénients, qu'elle a demandé l'autorisation de creuser un embranchement de 12 kilomètres au canal du Rhône au Rhin, pour son propre service, et s'est imposé dans ce but un emprunt de 800,000 fr. La ville de Colmar, dont le chemin de fer rase les murailles, trouve que ce mode de communication, après avoir étendu la solitude autour d'elle, lui rend le pain cher et la vie dure : elle revient aux canaux !... J'ai vu employer six semaines par le chemin de fer d'Alsace pour transporter le chargement d'un bateau de charbon de la gare de Mulhouse à l'embarcadère de Colmar : assurément, la faute n'en était pas aux locomotives, puisqu'elles font le trajet en une heure et demie; mais qu'est-ce donc qu'une célérité qui demande de si longs préparatifs?

Pendant l'année 1843, la totalité des transports de Strasbourg à Bâle (138 kilomètres) et retour, par le même chemin, s'est élevée au plus à 60,000 tonnes; pendant la même campagne, deux remorqueurs ont transporté sur la Saône, de Lyon à Verdun (173 kilomètres), une quantité égale, bien qu'ils ne soient pas toujours partis à charge complète.

D'après tous ces faits, qui tous confirment les chiffres, ou pour mieux dire qui sont l'expression même des chiffres, on peut affirmer sans crainte d'erreur, QUE L'AVANTAGE DE LA CÉLÉRITÉ JOINTE A LA MASSE reste en définitive à la navigation.

Sans doute le chemin de fer d'Alsace n'a pas produit tout ce qu'il pourrait produire : en 1841, le chemin de fer belge, sur une longueur de 587 kilomètres, a eu un mouvement de 2,635,000 personnes et 185,441 tonnes. Or, en supposant que le tiers de ces quantités, c'est beaucoup dire, exprime le même mouvement ramené à la totalité du parcours, on trouverait encore que le chemin de fer belge, le plus fréquenté de l'Europe, ne représente guère que le travail de quatre remorqueurs et douze paquebots. Et quelle énorme différence de frais! Un bâteau de chêne, du prix de 2,000 fr., porte la charge de 40 wagons, et peut durer dix ans ; chaque wagon à lui seul coûte 2,000 fr., et de réparations en réparations se renouvelle au moins une fois tous les quinze ans. Un remorqueur de la force de 60 chevaux coûte 120,000 fr., et traîne la charge de 10 à 12 locomotives, qui coûtent chacune 50,000 fr. En 1842, le ministre belge a déclaré qu'avec 122 locomotives, 108 tenders, 528 voitures de voyageurs, 675 wagons de marchandises, 136 wagons de service, ce chemin de fer arrivait tout juste à suffire aux besoins de la circulation.

Quoi de plus? On a promis au chemin de fer le transport des vins du Mâconnais, qui tous prennent aujourd'hui la route du canal de Bourgogne. Or, à moins que l'arithmétique ne nous trompe et que la nature des choses ne change, il est facile de prouver qu'il ne s'expédiera pas une tonne de vin par le chemin de fer. La quantité de vins qui se chargent annuellement pour Paris dans les divers ports de la Saône peut aller à 25,000 tonnes. Ces expéditions ne se font jamais l'hiver à cause du froid, ni l'été à cause de la chaleur ; elles ont lieu principalement au printemps et en automne, époque la plus favorable au soutirage et au conditionnement des vins. Une quantité au moins égale à celle qui s'embarque sur la Saône, arrive aux différents ports du canal, en sorte qu'on peut porter à 50,000 tonnes par an la totalité des chargements. Se figure-t-on, à deux moments précis de l'année, 25,000 tonnes de vin, en 100,000 futailles, arrivant aux embarcadères du chemin de fer? Avec cela, des fers, des garances, des farines, des marchandises ; les trois quarts des wagons en route, tous les entrepreneurs demandant simultanément à partir et ne voulant pas qu'on divise leurs expéditions, les cris des crocheteurs hissant les fûts sur les wagons, la confusion, le brouhaha? Pour expédier 25,000 tonnes par le chemin de fer, il faudrait, à 100,000 kilos par train, 4,000 par wagon, et 12 départs par jour, charger 6,250 wagons, faire partir 250 locomotives, le tout en 21 jours. Eh bien ! par le canal et les fleuves, toute cette masse est transportée en 25 jours. Et c'est pour un avantage de 4 jours que la voiture des vins, au lieu de 32 fr. la tonne, prix moyen marchand, qu'elle coûte aujourd'hui, serait payée 54 ! La concurrence est impossible au chemin de fer.

Lors de la disette de 1817, les pommes de terre étaient abondantes et à bas prix dans toute l'Alsace et les provinces rhénanes, tandis qu'elles manquaient en Bourgogne, en Franche-Comté et dans les départements inférieurs. Si, à cette époque, les communications par eau eussent été établies comme elles sont aujourd'hui, l'hectolitre de pommes de terre n'aurait coûté de transport de Strasbourg à Lyon que 1 fr. 20 c., même en acquittant les droits de navigation tels qu'ils sont établis maintenant ; tandis que par un chemin de fer, le même hectolitre, au taux de la plus vile matière, 9 c. par tonne et kilomètre, aurait coûté 3 fr. 45, deux fois la valeur du comestible acheté sur les lieux. Quand est-ce donc que le peuple, au lieu de se repaître des plus plats sermons sur la fraternité, la solidarité et la sensibilité, cherchera son salut dans une véritable intelligence de l'économie publique ? Mais que dire à des hommes qui s'imaginent que ce qui coûte aujourd'hui 3 fr. 45 c., avec la fraternité ne coûterait rien ?

Un des arguments favoris des partisans du chemin de fer de Châlons à Avignon est l'avantage d'éviter les transbordements. D'abord, il est clair que ce motif est sans valeur pour les marchandises qui prennent la voie d'eau : et l'on a vu que ces marchandises forment les trois quarts ou les quatre cinquièmes du mouvement commercial de Lyon. L'argument ne porte donc que sur les marchandises qui, expédiées de Lyon aujourd'hui par le roulage, devraient prendre le chemin de fer à Châlons. A cet égard, si les personnages dont je parle cherchaient plus l'avantage réel du commerce que la satisfaction de leur fantaisie, je pourrais leur offrir, sinon une solution directe, au moins une compensation. 50,000 tonnes formant, selon les probabilités les plus élevées, l'importance du roulage par terre entre Châlons-sur-Saône et Lyon, payeraient dans cette première ville, à 10 cent. par 100 kilos, 50,000 fr. de transbordement. Cette somme, ajoutée aux frais de transport par le roulage de terre, frais que nous fixerons ici au minimum de 3 fr. pour 100 kilos, pour le trajet de Lyon à Châlons, forme le total de 950,000, soit 31 fr. la tonne. Il s'agit de savoir si la navigation ne pourrait être appliquée à cette nature de transports avec un grand avantage et une large économie. Je veux parler de l'emploi des bateaux de voyageurs.

Pourquoi les bateaux à vapeur faisant le service des voyageurs sur la Saône, dont l'admirable conditionnement présenterait la plus complète sécurité, ne transportent-ils pas des marchandises, aussi bien que les bateaux du Rhône ? C'est qu'un compromis, tacite ou avoué, existe entre les services de marchandises et ceux de voyageurs, et qu'en vertu de ce traité, les uns ne doivent jamais empiéter sur la spécialité des autres. Les bateaux-voyageurs, pour conserver leur monopole, s'étant abstenus jusqu'ici de tout autre chargement, les marchandises de prix, auxquelles les grands services de navigation ne peuvent convenir, sont forcées de recourir au roulage. Mais un tel état de choses ne saurait durer ; et MM. Bonnardel, qui ont commencé à révolutionner le service des bateaux-voyageurs, achèveront sans doute leur ouvrage en embarquant des marchandises avec les personnes. Et quoi de plus beau qu'un tel service ? Sept heures de marche à la descente, neuf à la montée, la marchandise serrée dans des magasins fermés hermétiquement comme des salons, et toute une après-midi pour les embarquements et débarquements ! Je suis surpris que cette combinaison n'ait pas encore tenté quelque spéculateur, et que l'on soit encore à comprendre que tout le roulage par terre, de Lyon pour le Nord, doit faire ses chargements à Châlons. La correspondance existe, pour les voyageurs, entre les bateaux à vapeur et les messageries : la même chose doit avoir lieu pour les marchandises.

Trente millions de kilogrammes formant la quotité présumable du roulage entre Lyon et Châlons, donneraient chaque jour, pour les départs des deux villes, 82 tonnes, qui, réparties entre 4 paquebots, à 50 c. 100 kilos, assureraient à chacun un premier fonds de recette de 100 fr., juste la moitié des frais du bateau, et n'ajouteraient pas au tirant d'eau plus de 10 centimètres. A cette somme de 50 c. pour la voiture, ajoutez 15 c. d'embarquement, 20 de camionnage, 15 de transbordement et 50 de commission, bureaux, etc., vous arrivez au total de 15 fr., pas la moitié de ce que prend le roulage. Quant au chemin de fer, sur des marchandises de cette nature et livrées par petites quantités, son tarif ne pourrait être moindre de 16 c., qui, avec les frais accessoires, porteraient le prix par tonne à 26 fr. 80 c.

Supposons maintenant que le chemin de fer existe ; n'est-il pas possible, d'après ces données, que la spéculation se serve de lui-même contre lui ? qu'avec la faculté de remettre comme de recevoir la marchandise à Châlons, quelque commissionnaire, moyennant bonification faite aux expéditeurs de 11 fr. 80 c. par tonne, se fasse consigner à Lyon toutes les marchandises à destination du Nord, et réciproquement ? Ainsi, grâce au chemin de fer de Châlons à Paris, les expéditeurs, en évitant celui de Châlons à Lyon, encaisseraient un superbe agiot, profitable à tout le commerce ; ce qui enlèverait d'emblée à la compagnie concessionnaire une recette de 654,000 fr., c'est-à-dire la recette entière des articles de messagerie qui devaient faire la spécialité du chemin. La compagnie serait donc encore obligée de réduire son tarif : mais alors, que devient la valeur financière de l'entreprise avec ce système de réductions ?

Faut-il que je réponde maintenant à cette grande mystification du transit ? que ce soit à des Lyonnais, et à des Lyonnais aussi éclairés que M. Barillon, qu'il faille montrer ce qu'est le transit, et quelle énorme contradiction ce serait de construire un chemin de fer pour rappeler à nous le transit ?

« Trieste, s'écrie M. Barillon, Trieste, il y a quatre-vingts années, recevait à peine quelques chétives barques ; en 1827, ce port a reçu 2,906 navires ; en 1832, ce nombre s'est élevé à 4,858. »

Comme ce nombre de 4,858 navires doit sonner aux oreilles des Lyonnais, à qui l'on fait entendre que les marchandises dont ces navires ont été chargés auraient pu passer par leurs mains ! Mais jetez donc les yeux sur la carte, et dites si, après l'achèvement d'un réseau européen de chemins de fer et de voies navigables, la ligne d'Anvers à Trieste, aujourd'hui rivale de celle de Marseille au Havre, n'est pas la plus courte pour les importations et les exportations de l'Autriche, de la Bohême, de la Bavière, de la Saxe, de toutes les provinces rhénanes ? Qu'y a-t-il donc d'étonnant à ce que le progrès de l'industrie et du commerce chez nos voisins les Allemands leur ait appris qu'ils avaient, pour sortir de chez eux aussi bien que pour y entrer, une route plus courte que la nôtre ? Accusez la nature et le progrès, si vous voulez, de la perte que vous avez faite du transit ; mais ne songez point à le faire revenir, parce qu'une pareille entreprise serait absurde.

« La France devrait être pour le commerce de l'Angleterre, de la Hollande et de l'Allemagne occidentale, le grand chemin de l'Espagne, de l'Italie, de l'Orient, de Constantinople et de Smyrne. Cela devrait et pourrait être : cela n'est pas. »

Comment cela pourrait-il et devrait-il être, et comment peut-on le prétendre, quand on sait que les caboteurs du Nord viennent prendre à Cette et à Marseille même les marchandises du midi de la France, et les transportent en contre-voiture par Gibraltar à Dunkerque, Rotterdam, etc., au prix de 12 fr. la tonne ? Aurait-on trouvé, pour soutenir cette concurrence, le secret de faire voyager la marchandise sur les chemins de fer, à un ou deux centimes par tonne et kilomètre ? Qu'on se hâte de le dire : la France et l'Europe en seront reconnaissantes.

« Des 60,000 balles de coton que reçoit annuellement la Suisse, 20,000 passent par Trieste, parce que, dans l'état actuel de nos voies de communication, le long voyage de Trieste à Zurich et Bâle offre souvent une économie sur la voie fluviale. De même, le commerce du littoral de l'Espagne passe en grande partie devant Marseille pour aller à Gênes ; et l'on a vu des esprits-de-vin de la Catalogne arriver par cette direction à Genève, sur les bords mêmes du Rhône.»

De deux choses l'une : ou cela venait de l'exorbitance des prix demandés par les entrepreneurs de navigation du Rhône, et dans ce cas les Lyonnais n'auraient à se plaindre que d'eux-mêmes ; ou bien les Italiens et les Suisses ont trouvé moyen de faire la voiture par terre à moins de 7 ou 8 c. par kilomètre ; et alors comment prétendez-vous remédier à ce mal avec des tarifs de 12 et 14 ?

Mais à quoi sert de chamailler contre des fantômes ? Rentrons plutôt dans la réalité. Apparemment que la ligne de fer de Marseille au Havre n'a pas pour objet de faire sortir par l'Océan ou la Manche les marchandises venues par la Méditerranée, ni de transporter dans celle-ci les marchandises venues par l'Océan. Le plus simple et le moins onéreux, dans ce cas, serait de faire le tour de l'Espagne. Par la même raison, les marchandises destinées pour l'intérieur du continent doivent préférer les ports qui leur laissent à faire, par les voies terrestres, le moins de chemin, et c'est ce qui, avec le motif d'intérêt national, explique le succès de certains ports en concurrence avec les nôtres. Désormais c'est à la Suisse, au duché de Bade et à quelques autres pays de la Confédération germanique que se borne pour nous le transit.

Or, la Chambre de commerce de Besançon, qui, dans un écrit publié à l'occasion du projet de chemin de fer de Dijon à Mulhouse, s'est occupée de la question du transit d'une manière toute spéciale, a constaté que les marchandises expédiées de Marseille à destination de l'est, et *vice versâ*, pendant les années 1838, 39, 40, 41 et 42, n'avaient pas excédé 28,328 tonnes, c'est-à-dire en moyenne 5,665 par année, environ la centième partie des transports qui se font sur la Saône. Espère-t-on doubler, tripler, décupler cette quantité, par une diminution des frais de voiture ? Qu'on mette un peu d'ordre dans la navigation, et l'on pourra offrir aux négociants d'outre-Rhin des transports à 5 c. par tonne et kilomètre ; mais ne nous adressons pas au chemin de fer, qui nous ferait payer 12.

Quand l'application d'une idée pèche sur un point essentiel, elle pèche en même temps sur tous les points, et rien ne la saurait justifier. Ainsi on est allé jusqu'à vanter l'importance stratégique d'un chemin de fer de Lyon à Châlons. S'il ne s'agit que de transporter des soldats et du matériel de guerre, l'avantage serait entièrement à la navigation ; car, en pareille occurrence, il s'agit surtout d'unir la célérité à la masse. D'après les calculs de M. Teisserenc, avec 66 locomotives et 2,037 wagons, on transporterait à 35 lieues, en 28 heures, 22,000 fantassins, 2,400 cavaliers, 1,400 artilleurs et pontonniers, et 2,650 chevaux. Il est clair que M. Teisserenc ne raisonne ici que par multiplications, et en dehors de l'expérience. Les services des chemins de fer en temps de guerre n'ont pas encore été constatés par un nombre de faits suffisants, non plus que ceux de la navigation fluviale : j'opposerai donc à la possibilité de M. Teisserenc une autre possibilité. Les grands bateaux de Saône, appelés *savoyardes*, chargent pour la décise jusqu'à 225 et 250 tonneaux. Bornons-nous à 150 : un de ces bateaux équivaudrait à 50 wagons. Dix remorqueurs traînant chacun quatre bateaux couplés suffiraient donc au transport d'une armée de 25,800 hommes, en 12 heures, de Châlons à Lyon; et, s'il s'agissait de remonter le fleuve, vingt, tant remorqueurs que bateaux de voyageurs, feraient aisément, avec la même charge, le même trajet en 24 heures.

Mais, disent les habiles, abondance de moyens ne peut nuire. La France, riche et industrieuse, n'aura pas plutôt terminé ses chemins de fer, qu'elle verra augmenter ses produits, son commerce, sa population, la masse de ses affaires. Ses champs et ses vignobles redoubleront de fécondité, ses ateliers ne chômeront plus ; ses routes, ses canaux et ses chemins de fer seront couverts de voyageurs et de marchandises.

Un autre trouverait peut-être ce raisonnement aussi faible que tous ceux précédemment réfutés; mais je ne doute pas, quant à moi, qu'il ne produise sur l'esprit du public plus d'effet que toutes mes raisons. C'est l'argument de la vanité nationale, l'argument de la foi, de l'espérance et de l'amour ; et jamais les calculs de l'économiste ne prévaudront contre le sentiment patriotique. Aussi n'essayerai-je pas de changer la croyance universelle : qu'il me soit permis seulement d'exposer jusqu'à la fin les motifs de mon incrédulité.

D'abord, pour ce qui regarde la population, je supplie les amis du peuple et des chemins de fer de n'en être point en peine; partout où deux personnes peuvent trouver à vivre, disait Fénelon, il se fait un mariage ; souvent même, hélas ! il s'en fait quatre. Telle est donc la loi de nature : le nid pour la couvée, non la couvée pour le nid. La garantie de subsistance est la condition préalable du ménage. — Mais, d'après le même principe, il semble que les routes doivent aussi être pour le commerce, non le commerce pour les routes ; que la circulation suive logiquement et physiquement la production, qu'elle en soit une conséquence, ou, comme dit l'école, un postulé; que la perfection des instruments circulatoires ne *crée* pas la force productrice, bien qu'elle contribue à la *développer;* qu'il s'agisse, enfin, au lieu de commencer par la construction d'une voie de fer, dans l'idée que la masse des produits circulants pourra s'accroître, de demander à la production elle-même jusqu'à quel point elle réclame un nouveau véhicule.

Je dis donc que toutes les évaluations et les conjectures ont été faites sous l'influence de cette pitoyable interversion d'idées; les chiffres administratifs ont été complices du préjugé populaire, et c'est pour cela que je nie tout, jusqu'à ce que je voie ou que l'on me prouve. M. le préfet de Lyon, dans son rapport au Conseil général, évalue le mouvement de la navigation de la Saône, entrées et sorties, pendant 1843, à 34,922 bateaux, et celui du Rhône à 10,557, total 45,479. Je nie la sincérité de ce chiffre, parce qu'il est absurde. Il est notoire que le tonnage de la navigation, tant du Rhône que de la Saône à Lyon, ne dépasse pas 500,000 t., ce qui, à 100 t. par bateau, porte le nombre des expéditions et des arrivages à 5,000, et en ajoutant moitié pour les bateaux qui reviennent ou s'en retournent à vide, 7,250. Qu'a donc voulu dire M. le préfet par son mouvement de 45,479 bateaux ?

M. de Lamartine prophétise au chemin de fer de Châlons à Lyon 600,000 voyageurs et 400,000 t. Je nie l'exactitude de ce chiffre, parce que cinq dixièmes des marchandises se transportent aujourd'hui même par la rivière à 80 pour 100 meilleur marché qu'elles ne feraient par le chemin; parce que la circulation est dès maintenant à peu près aussi commode et aussi peu coûteuse qu'elle puisse jamais devenir, et que cependant elle n'atteint pas, pour les personnes, au chiffre de 270,000; parce qu'en thèse générale le nombre de ceux qui se déplacent décroît comme la distance augmente, et que les chemins de fer de Châlons à Paris et à Mulhouse n'ajouteraient pas un quart au nombre actuel ; parce qu'enfin la circulation des denrées se régularisant peu à peu et nécessairement par les voies d'eau, de terre et de fer, le nombre de voyageurs pour cause d'affaires deviendra progressivement moindre.

De toutes parts on appuie les demandes de chemins de fer des calculs les plus mensongers : c'est la Chambre de commerce de Troyes qui promet ses vins, ses farines, ses fers, ses houilles, ses pierres, ses dalles, quelques cent mille tonneaux à 20 c. par kilomètre, plus 400,000 voyageurs ; — c'est la Chambre de Besançon qui annonce pour la ligne de Dijon à Mulhouse, à condition qu'on la fera passer par ses murs, avec 69,550 t. de marchandises, chiffre qui n'a rien d'irrationnel, 569,400 voyageurs ; — c'est je ne sais plus quel autre faiseur de plans qui va jusqu'à 876,000. Je nie tous ces chiffres, parce que tous sont intéressés et par conséquent indignes de foi. En veut-on une preuve ? La Chambre de commerce de Besançon, évaluant d'après le nombre des diligences le nombre de voyageurs qu'elle pourra donner au chemin de fer, commence par compter les *places* pour des *personnes;* puis multipliant le chiffre obtenu par 2 à cause des retours, sans songer qu'elle fait double emploi pour tous les voyageurs qui ne font que passer ; puis triplant le produit, sous prétexte que tout chemin de fer triple les déplacements d'hommes sur la ligne qu'il parcourt, elle arrive au chiffre de 569,400. N'est-ce pas dérisoire ?

Mais quand ces nombres hyperboliques seraient vrais, que prouveraient-ils en faveur d'un chemin de fer accolé sur toute sa longueur à une ligne de navigation comme le Rhône et la Saône, assistée de canaux comme ceux de Bourgogne et du Rhône au Rhin? Plus vous augmentez le travail, plus vous provoquez la baisse de prix de la part des navigateurs, plus vous favorisez la concurrence. Chose singulière ! il serait plus avantageux au chemin de fer de Châlons à Avignon qu'il ne se transportât de ces deux points, chaque année, que 100,000 tonnes de marchandises divisées en 10,000 expéditions, que de voir cette quantité décuplée. Tirez la conclusion de ce fait : Pour que les chemins de fer avoisinant les canaux et les rivières subsistent, il faut interdire la navigation, et assurer aux premiers le monopole; et c'est aussi ce que les spéculateurs de chemins de fer ne manqueront pas de demander bientôt. Je n'avance rien que je ne le prouve.

Dans son numéro du 20 février 1845, le journal *la Presse* traite l'idée de *parcours gratuit* appliquée aux canaux à l'instar des routes, d'*idée malheureuse et tout à fait inopportune.* « Le moment, dit-il, est mal choisi pour exproprier les actionnaires des canaux. Ce n'est pas quand on concède des chemins de fer avec des tarifs de 14, 16 et 18 centimes, qu'il convient d'abolir les tarifs des canaux, quinze et vingt fois plus faibles que ceux des chemins de fer. »

Et dans son numéro du 15 mars, le même journal insère, en le couvrant de son approbation, un article communiqué par un personnage d'Alsace, article dans lequel on demande que le canal de Nancy soit supprimé, et celui de la Sarre pas commencé, par la raison que ces canaux feraient concurrence au chemin de fer, et que même en l'absence d'un pareil voisinage, et suivant les plus larges hypothèses, ledit chemin ne rendra jamais 7 pour 100 de son capital.

« Avec un embranchement de Sarrebruck au chemin de fer, dit l'Alsacien riche et éclairé à qui *la Presse* fait les honneurs, on aurait le transport des houilles de Prusse à 9 centimes en moyenne, soit, pour 300,000 t. et 72 kilomètres, 4,000,000 de recette... Avec cette situation, on trouvera dix compagnies disposées à exonérer le Trésor de 100 millions. Mais si le canal de Nancy est achevé, si la Chambre n'oblige à *grever de tarifs sérieux* cette voie d'eau plus coûteuse à établir qu'un chemin de fer; si Sarrebruck est réuni au canal de la Marne au Rhin par le canal de la Sarre, le chemin de fer deviendra une affaire médiocre... Ce n'est donc pas 15 à 20 millions que coûtera au Trésor l'achèvement du canal, mais 115 à 120 millions. Le Trésor perdra et l'Alsace attendra, les habitudes se prendront au dehors, et le transit se fixera à jamais sur les chemins de fer étrangers. »

Où sommes-nous ? l'État perdra 120 millions, si au lieu de 9 c. pour le transport du combustible, les Lorrains et Alsaciens ne payent que 3! Les intérêts de l'État sont donc opposés à ceux des citoyens! et c'est pour créer cette opposition que l'on commence par demander l'interdiction d'un canal! Mais la Bourse n'est pas le Trésor public, les compagnies ne sont pas le pays, et il se peut faire qu'à un certain point de vue le correspondant de *la Presse* n'ait pas tort.

Enfin, le *Journal des Débats* du même jour, 15 mars, contient un long article plein d'un vif mécontentement contre le ministre des travaux publics, qui s'est avisé, au plus fort de la fièvre des chemins de fer, de demander un crédit de 80 millions pour le perfectionnement de la navigation intérieure. Je commence à croire que le gouvernement n'est pas en France ce qu'il y a de plus hostile aux intérêts généraux, et qu'il peut arriver qu'un conseil des ministres voie plus loin que 459 députés. Les chemins de fer ne sont plus, pour une portion de la bourgeoisie, un instrument de richesse nationale et de progrès; c'est une occasion, un moyen, un élément d'agiotage. Comment s'étonner que pour mettre à la raison cette race tracassière, avide et bête, qui ne sait qu'embrouiller les idées les plus simples, et souiller tout ce qu'elle touche, les uns fassent appel au despotisme et les autres à la dictature?

C'est ici le lieu d'exposer la raison économique de deux principes auxquels j'ai plus d'une fois déjà fait allusion, savoir : 1° que toute prestation de services de la part de l'État doit être gratuite; 2° qu'il est des circonstances où l'État doit intervenir dans l'industrie privée, et déroger à la loi de libre concurrence. Les considérations qu'on va lire, et que je crois n'avoir rencontrées nulle part, fourniront une réponse à la question tant débattue et si peu éclaircie de l'exécution des chemins de fer par l'État. J'appelle donc sur ce point l'attention du lecteur.

DE LA GRATUITÉ DES TRAVAUX D'UTILITÉ PUBLIQUE, ET DE L'INTERVENTION DE L'ÉTAT DANS L'INDUSTRIE PRIVÉE.

Déjà nous avons reconnu que tout service public devait être livré au meilleur marché possible, parce que s'il en était autrement, il y aurait concurrence entre les particuliers et l'État, ce qui implique contradiction. Si donc l'État doit livrer ses services au meilleur marché possible, c'est-à-dire au prix le plus appprochant du revient, la question à resoudre est la suivante : Quel est le prix de revient des services faits par l'État ? Mais cette question en suppose une autre : A quel signe reconnaît-on qu'un service doit être fait par l'État plutôt que par les particuliers ?

Ici apparaît une récurrence, si j'ose ainsi dire, entre les idées : puisque l'État doit fournir ses services au plus bas prix possible, en d'autres termes, puisqu'il implique contradiction, que l'État fasse spéculation et trafic de ses services (ce qui est le principe même de la concurrence), les services de l'État doivent être gratuits, et les travaux qui tombent à sa charge sont *tous ceux dont le prix marchand est nécessairement* au-dessous *du prix de revient*. Reste à savoir s'il existe dans la société des travaux de cette espèce.

C'est un principe d'économie incontestable, et que le *Journal des Économistes* a rappelé dans l'article introductif de sa quatrième année, que tout travail doit laisser un excédant. Ce principe est pour moi universel, absolu, sans exception. Mais l'application varie, selon que le producteur est un simple particulier, ou que ce producteur est l'État.

Tout le monde sait que le prix de revient d'une marchandise se calcule d'après le salaire des journées de travail et d'après les valeurs consommées dans la production, lesquelles valeurs représentent encore des salaires, et comprennent une partie de ce que l'on nomme frais généraux. Ainsi Watt ayant calculé qu'une machine fixe de la force de 20 chevaux pouvait rendre des services plus constants et plus réguliers qu'un cours d'eau tombant sur une roue à aubes, et ne coûterait pas plus à établir et à appliquer que la force naturelle, le prix de revient des produits du nouveau moteur a dû se composer, 1° de tous les salaires payés aux ouvriers ; 2° des frais généraux de l'établissement ; 3° de l'intérêt et de l'amortissement du capital employé dans la machine. Mais, et c'est ce qu'il importe surtout de remarquer, le prix de revient descend d'autant plus que la machine éprouve moins de fériations ; de là l'effort continuel des entrepreneurs à obtenir les commandes et à se procurer un travail soutenu. Il en est ainsi dans toutes les industries. En sorte que l'on peut poser cette règle : En toute chose, le prix de revient normal, idéal, est celui qui résulte de l'emploi non interrompu des instruments de production.

Or, il est des cas fort nombreux où la production peut obéir à cette loi ; alors la concurrence est la condition des échanges ; car elle est pour le consommateur la garantie la plus sûre du bon marché. — Il est d'autres cas où ni l'intérêt ni l'amortissement du capital engagé ne peuvent commercialement être retrouvés ; et c'est alors que le prix marchand du service tombe au-dessous du prix de revient. En d'autres termes, tandis que pour certains services la valeur vénale, par sa tendance indéfinie à se mettre de niveau avec le prix de revient, se réalise de plus en plus, pour certains autres services la valeur vénale, en suivant la même loi, tend à disparaître.

Je range dans cette seconde catégorie tous les monuments d'utilité publique : églises, théâtres, hôtels de ville, colléges, halles, fontaines, musées, bibliothèques, ponts, quais, digues, chemins de halage, routes, canaux et chemins de fer. La nature anticommerciale de ces grands instruments de travail, ou pour mieux dire de bien-être, provient, je raisonne dans la sphère des idées économiques, de ce qu'étant doués d'une puissance d'utilité indéfinie, c'est-à-dire qui dépasse immensément les moyens humains d'alimentation, le moindre salaire qu'on en exige est toujours disproportionné, toujours exorbitant, et néanmoins toujours insuffisant. Expliquons la chose plus en détail.

Un tisserand sait ce dont il a besoin pour vivre, combien il fait de pièces en un an ; ce que coûte son métier, ce qu'il lui durera : il peut, en conséquence, déterminer le prix de revient de son travail ; et, s'il a des concurrents, son salaire s'approchera de plus en plus de ce prix. Egalement un ingénieur peut calculer ce que coûtera une route ; et combien d'hommes, d'animaux et de voitures pourraient y passer en un jour : mais, s'il s'agit d'établir un péage, il ne basera pas son tarif sur les millions de têtes qui pourraient, dans un temps donné, passer sur la route, mais sur les quelques milles ou les quelques cents qui probablement y passeront ; système qui est en tout l'opposé de celui que la concurrence a pour but de réaliser. Dans la théorie du commerce, le tarif normal d'une route péagère serait celui qui ne demanderait à chaque voyageur que la fraction proportionnelle d'une recette qui, étant égale à l'amortissement et à l'intérêt du capital, devrait être acquittée par un nombre infini de contribuables. Tout autre tarif est arbitraire, et, comme on va voir, ne tarde pas à paraître exorbitant.

Un bourg de cinq cents feux est coupé par un ruisseau que les paysans traversent, en se mouillant les pieds et crottant leur chaussure, au moyen de quelques pierres jetées dans la vase : il est utile à la commune d'encaisser ce cours d'eau, d'élever une chaussée, de construire un pont. Ces ouvrages coûteront 20,000 fr. Pour couvrir cette dépense, établissez un péage de 5 centimes par personne et 25 centimes par voiture, les paysans feront un détour plutôt que de payer. Supposez qu'ils payent, ce qui leur arrivera le moins souvent qu'ils pourront, la recette ne montera pas à 6 fr. par jour : il n'y aura pas pour les frais de perception. Quel pitoyable placement ! Augmentez le tarif, c'est une probibition ; réduisez-le, c'est un abandon du capital.

Il est donc vrai de dire que, au point de vue de l'échange, et contrairement à l'aphorisme fondamental de la science, les travaux d'utilité publique *ne valent jamais ce qu'ils coûtent.* C'est ce qui arrive pour le canal du Rhône au Rhin, qui a coûté déjà trente millions, et ne produit pas, avec un tarif qu'on trouve encore trop élevé, 400,000 fr. de net. Or, veut-on savoir quel devrait être ce tarif, pour produire seulement l'intérêt du capital à 5 p. 100, en rente perpétuelle ? car il ne saurait être ici question d'amortissement. Cinq centimes par tonne et kilomètre, en moyenne, c'est-à-dire sans distinction de marchandises. Le transport des houilles de la Loire, qui est aujourd'hui de 16 fr. 80 c. la tonne, droits de navigation et tous frais compris, de la gare de Perrache à Mulhouse, serait augmenté de 11 fr. 20 c. Et si l'on ajoutait l'intérêt des sommes dépensées, depuis 1830, à l'amélioration de la Saône, et qui se montent à 21,700,000 fr., le total des frais de transport d'un tonneau de houille depuis Lyon s'élèverait à 55 fr. 67 c., en tout 8 c. 1, par tonne et kilomètre. A ce taux, le droit serait prohibitif, et les communications interceptées.

Mais, dira-t-on, les chemins de fer ne rentrent pas dans la catégorie. Les chemins de fer devant suppléer le roulage et les diligences, avec une réduction du quart ou du cinquième sur les prix, offrant ainsi l'avantage de la célérité jointe au bon marché, ne peuvent être onéreux à personne.

Je réponds sans hésiter que si, au début, les chemins de fer ne sont pas onéreux, ils le deviendront par l'usage, infailliblement. Cela est dans la force des choses que je ne suppose pas, mais que j'explique. Il en est de deux provinces, avant l'établissement d'une route, d'un canal, ou d'un chemin de fer, comme de deux bourgades qui seraient situées en face l'une de l'autre, de chaque côté d'un fleuve, et dont les habitants, n'entretenant que de rares relations, communiqueraient ensemble au moyen d'un bac. Qu'un pont soit alors jeté sur le fleuve et joigne les deux stations, si le péage de ce pont n'est pas plus cher que le bac, il ne paraîtra pas trop onéreux aux passagers ; mais il sera insuffisant pour l'entrepreneur. Supposez maintenant que les deux bourgades deviennent une grande ville, la fréquence des relations rendra le tarif insupportable, le peuple criera, la commune sera forcée de racheter le péage : ce qui, pour elle, équivaudra précisément à une construction gratuite.

C'est ainsi que se passent les choses dans la société. Jamais on n'a vu deux points géographiques, tels que Tarascon et Beaucaire, Lyon et la Guillotière, Paris nord et Paris sud, se développer tout à coup, et passer subitement de la solitude à un grand mouvement industriel, sans s'être auparavant mis en rapport par un moyen quelconque de communication ; car, si l'instrument de jonction n'est pas le principe du développement, il est l'une de ses conditions essentielles. Or, je répète que, dans tous les cas, le péage est irrationnel ; d'abord, parce qu'au point de vue de la théorie, il est nécessairement et restera éternellement anormal ; puis, parce que, dans la pratique, il sera ou insuffisant pour l'entreprise, ou onéreux pour le peuple. De même, après que les chemins de fer auront créé des habitudes et des relations nouvelles, et contribué peut-être à doubler la population, son activité et ses besoins, le gouvernement se trouvera dans la nécessité d'exproprier les concessionnaires et de réduire les tarifs aux seuls frais d'exploitation, opération qui équivaudra pour l'Etat à un sacrifice. Si bien qu'après avoir commencé par le système mercantile des compagnies, il faudra, bon gré mal gré, finir par le système socialiste de la gratuité de parcours, et rentrer ainsi dans la théorie. Il n'est personne en France qui ne s'attende à ce résultat ; et si l'on pouvait conserver encore quelque doute, je prierais de m'expliquer pourquoi l'Etat, faisant l'avance d'une partie du capital employé à la création des chemins de fer, se contente du moindre intérêt, et le plus souvent ne participe pas au bénéfice ; pourquoi, enfin, ses concessions ne sont que de trente-cinq ou de quarante ans ?

On n'imaginerait pas, si l'on n'en avait été témoin, jusqu'où va l'effort universel à se débarrasser de la plus légère servitude dans la jouissance des objets d'utilité publique. Pendant longtemps le chemin de fer de Saint-Etienne à Lyon a rencontré une concurrence sérieuse chez les rouliers qui faisaient le service des marchandises, à meilleur marché et en moins de temps que la locomotive. C'est seulement depuis que le monopole des charbons, pour la consommation lyonnaise, a été organisé, que les rouliers, ayant perdu leur contre-voiture, se sont vus forcés de renoncer à un commerce qui avait été jusque-là pour eux très-lucratif. Après les rouliers, une autre concurrence a exercé la patience de l'administration du chemin de fer : c'est celle du canal de Givors, que l'on n'est venu à bout de vaincre qu'en se mettant d'accord avec lui, et lui faisant une part sur les produits de la locomotive. Tout récemment, enfin, les habitants de cette dernière ville ayant éprouvé quelque tracasserie de la part du chemin de fer, une diligence s'est à l'instant organisée ; et trois fois par jour, aux mêmes heures que le chemin, on peut voir partir du quai Saint-Antoine, une longue et large voiture jonchée de voyageurs qui préfèrent la route au rail-way. Et l'on dit que cette entreprise, dont les prix sont au-dessous de ceux du chemin de fer, est une excellente spéculation.

Ce sont des faits de cette nature qui faisaient dire à l'un de nos ministres : « La moindre économie suffit pour changer la direction des marchandises de transit et d'entrepôt. »

En principe donc, il en est des chemins de fer comme de tous les objets d'utilité publique : ne pouvant être l'objet d'un placement, mais bien d'un sacrifice, ils n'appartiennent point au domaine de la spéculation privée, et tombent à la charge de l'Etat. Que, pour accomplir son œuvre, l'Etat fasse appel aux capitalistes, qu'il emprunte le secours de l'industrie privée, ouvre des adjudications à forfait, et se libère ou par une contribution ou par une série d'annuités payées aux prêteurs, ce n'est qu'une manière de réaliser l'utilité commune, qui n'affecte en rien le principe. La condition essentielle est que le parcours soit libre et gratuit, sauf les frais d'exploitation et d'entretien, que, sous une forme ou sous une autre, le public devra supporter toujours, puisque c'est une consommation incessamment renouvelée : quant au capital d'établissement, il ne peut ni ne doit entrer pour rien dans le calcul du tarif.

Cette distinction fondamentale des travaux de l'industrie humaine considérés au point de vue de la productivité du capital, étant une fois admise, et comment pourrait-on ne la pas admettre? je prendrai la liberté d'adresser aux économistes la question suivante :

1° L'économie politique, telle que nous l'avons apprise d'Adam Smith et de Say, est-elle à même d'apprécier, d'une manière théorique et démonstrative, l'excédant de valeur que doivent rendre après leur création les travaux d'utilité générale dont la jouissance ne coûte rien aux individus?

2° Quel est le principe commun qui régit ces deux ordres de faits divergents : la production concurrente avec bénéfice, et la production collective avec sacrifice?

Quelle que soit la réponse à ce curieux problème dont ce n'est point ici le lieu de nous occuper, les faits étant pertinents et prouvés, j'en tirerai la conséquence immédiate : c'est que l'Etat ayant à faire un sacrifice, il est de son devoir, comme de notre intérêt, de préférer le moindre.

Or, pour apprécier l'étendue du sacrifice que devra supporter l'Etat en construisant le chemin de fer d'Avignon et Châlons-sur-Saône, considérons d'abord que cette ligne, pour subsister, réclame impérieusement le monopole. En effet, sans monopole, le chemin de fer n'obtiendra pas, sur 580 kilomètres de parcours, le demi-quart des voyageurs, si ce n'est à des prix ruineux et insoutenables; car en défalquant même du tarif les centimes pour l'intérêt et l'amortissement, le taux resterait encore trois et quatre fois au-dessus de celui de la navigation. — Sans monopole, point de houilles, de farines, de garances, de métaux ouvrés, de grosse épicerie, etc., formant les sept huitièmes des matières transportables entre Avignon et Saint-Jean-de-Losne. — Sans monopole, nulle certitude de conserver les marchandises de prix, qui pourront devenir l'objet d'une spéculation lucrative au service de navigation, avantageuse au commerce, et offrant, à un degré supérieur, sécurité, régularité et promptitude. — Sans monopole, il suffira toujours d'une barque avec quatre modaires pour tenir en échec des compagnies formées au capital de cinquante et quatre-vingts millions. — Sans monopole, enfin, le chemin de fer ne sera que l'auxiliaire subalterne et momentané de la navigation. La concession du monopole des transports est le corollaire indispensable de la concession du chemin de fer.

En revanche, avec le monopole, l'Etat subit la perte sèche de vingt millions dépensés depuis quinze ans à l'amélioration de la rivière ; afin d'assurer l'intérêt des capitaux engloutis dans le chemin de fer, et de couvrir l'excédant des frais de la voie de fer sur ceux de la navigation, il frappe la consommation nationale d'un impôt de plusieurs millions, en même temps qu'il chasse le transit; enfin, il anéantit la commission, abolit l'entrepôt, détruit les existences créées par l'industrie marinière, et change toute l'économie des populations. Arrêtons-nous seulement à ce dernier point de vue.

En réfléchissant sur les caractères généraux et physionomiques des chemins de fer, comparés aux routes et aux voies navigables, je trouve que le chemin de fer, comme la plupart des inventions modernes, est par-dessus tout humanitaire, cosmopolite et décentralisateur, qualités qu'il tient précisément de la permanence et de la rapidité de son action.

Le chemin de fer appelle l'homme pour qui le temps est encore plus que l'argent, car c'est la vie, beaucoup plus qu'il ne sert la marchandise, à laquelle la célérité de la vapeur n'ajoute bien souvent qu'un luxe inutile. Le chemin de fer, supprimant les intervalles, rend les hommes partout présents les uns chez les autres ; grâce à lui, on pourra dire d'un Etat ce que Pascal disait de l'univers : Le centre est partout, la circonférence nulle part. Ainsi, de même que le chemin de fer se dérobe à la périodicité des saisons qui se fait partout apercevoir dans le commerce aussi bien que dans les industries extractives et agricoles, de même il efface et nivelle toutes les inégalités de position et de climat, et ne fait aucune distinction du hameau perdu dans la plaine et du centre manufacturier majestueusement assis sur les fleuves. C'est au chemin de fer qu'il appartiendra de réaliser complétement cet aphorisme : Plus les voies de communication se perfectionnent, c'est-à-dire plus la marchandise obtient de facilité à se mouvoir en tout sens du lieu de production à celui de consommation, moins le producteur et le consommateur ont besoin d'intermédiaires, moins la marchandise va chercher l'entrepôt.

C'est l'entrepôt, non le transit proprement dit, qui, dès les temps antiques, a fait la prospérité des villes commerçantes : Babylone, Ninive, Jérusalem, Palmyre, Tyr, Alexandrie, Corinthe, Athènes, Carthage, Syracuse, Tarente, Marseille, Barcelone, Venise, Gênes, les villes anséatiques, etc. A des époques d'éternelle guerre, l'atelier s'élevait dans une citadelle ; l'entrepôt s'établissait à côté de l'atelier, la marchandise voyageait de forteresse en forteresse, d'où elle se répandait ensuite timidement, par colportage à dos de mulet et à dos d'homme, dans les petites villes, les châteaux et les bourgades. Suivez l'histoire, vous trouverez que les temps de prospérité pour les grands entrepôts et les grands centres industriels correspondent à des époques d'anarchie et de guerre.

Mais lorsque de tous côtés des routes, des canaux passent et s'entre-croisent; quand, par la force élastique de la vapeur, le bateau glisse sur les ondes avec la rapidité de la flèche, et franchit en quelques heures trois degrés du méridien ; quand trente chariots à la file courent sur une barre comme la flamme électrique le long du paratonnerre ; quand, enfin, 28,000 lieues carrées de pays ne forment plus qu'un atelier, un jardin, un marché, — alors, l'entrepôt décroît, décroît sans cesse; la marchandise passe, c'est-à-dire *transite*, pour tout le monde, et ne s'arrête qu'au consommateur; l'entrepositaire avec son magasin, le boutiquier au coin de sa rue, le commissionnaire et le courtier dans leur comptoir, deviennent de plus en plus instruments parasites, et cèdent la place au voiturier. Avec la rapidité des communications, la population se désagrége et s'éparpille ; l'atelier, comme le domicile, se fixe indifféremment partout ; la foire est sur tous les points en permanence; Paris et Yvetot, pour acheter et vendre, sont égaux devant le chemin de fer ; il n'y a plus de motifs pour s'entasser par centaines de mille dans le marais de Perrache, non plus que sur les rochers de la Croix-Rousse et de Fourvières; et si, quelque temps encore, l'agglomération se soutient, c'est par tradition et comme fait accompli. Le chemin de fer, avec ses pentes de un ou deux millimètres, avec ses ponts, ses tunnels, ses courbes à vaste rayon, rappelle la prophétie d'Isaïe : *Omnis vallis implebitur, et omnis mons humiliabitur, et erunt prava in directa ;* et le mouvement social se poursuivant sous ce gigantesque niveau, l'idée révolutionnaire ayant trouvé son armure, une transformation à bref délai est inévitable. Vienne le chemin de fer avec toutes ses conséquences, et ce massif d'habitations obscures et malsa.... qu'on appelle Lyon, disparaîtra comme le brouillard au souffle de la bise.

A cet égard, j'applaudis à la création des chemins de fer ; j'applaudirai même à la suppression de la Saône et du Rhône, ou, si l'on veut, à leur mise en disponibilité entre les mains des compagnies, et au sacrifice d'une batellerie de vingt millions, pourvu qu'il soit entendu, annoncé officiellement, publié, que Lyon et Châlons ont cessé d'être les carrefours du commerce, que leurs mariniers n'ont plus qu'à retourner aux champs, et leurs ouvriers à sortir de résidences onéreuses, désagréables et désormais sans garantie.

Mais le gouvernement n'oserait suivre, avec cette impitoyable logique, un principe d'ailleurs contraire à la loi du *liberum mare*, de la liberté de la rivière. Les choses auront leur cours ; cent quarante millions seront enfouis pour créer un double emploi, et puisque, selon toutes les données du calcul et de l'économie, la voie navigable ne peut être vaincue, malgré le chemin de fer, Lyon et Châlons continueront de prospérer comme centres de commerce et d'entrepôt.

Mais quoi ! le malheur de posséder la plus belle navigation de l'Europe priverait-il deux grandes cités, la seconde capitale du royaume, du bénéfice des chemins de fer ? Et tandis que le réseau s'étendra sur toute la France, Lyon seul sera-t-il *déshérité ?*

Si je comprends quelque chose au commerce et à la théorie de l'échange, il me semble que ce n'est pas le chemin de fer, quoique instrument de circulation, qui est le signe représentatif des valeurs, mais l'argent; conséquemment, que le véritable *héritage* de Lyon est le système qui promet de lui faire gagner le plus d'argent. Je trouve donc, sauf meilleur avis, que la question lyonnaise n'est plus à la porte ni dans l'enceinte de Lyon, qu'elle est sur toute la ligne dont il est le centre; que le point capital est de créer, par chemins de fer ou autrement, de nouveaux affluents, de rendre de plus en plus nécessaires les rapports établis, et de les préserver de toute atteinte.

Sur les canaux de Bourgogne et du Centre, les droits, quoi qu'on ait dit, sont exorbitants, puisqu'ils représentent *huit fois* la valeur du prix de traction : Lyonnais et Bourguignons doivent poursuivre sans relâche le rachat des actions et l'abaissement des tarifs. Trois centimes par tonne et kilomètre, diminués sur le transit des marchandises, augmenteraient du quart et peut-être du tiers le tonnage de ces canaux, et ce surcroît de travail profiterait à toute la marine ainsi qu'aux expéditeurs.

Le ministre des travaux publics demande quatre-vingts millions pour la navigation intérieure ; une forte somme sera allouée à l'amélioration de l'Yonne. Pour aller à.Paris, les houilles de la Loire pourraient un jour prendre cette voie. Il faut, par une adresse, remercier le ministre de sa haute prévoyance, et demander, par une loi spéciale, un crédit pour le Rhône.

Les charbons de la Loire coûtent aujourd'hui, rendus à Mulhouse, 26 fr. la tonne ; à l'aide d'une réduction sur les droits et de quelques améliorations dans la voie, ils pourraient ne revenir qu'à 22 fr. Or, après l'exécution du canal de la Sarre, les charbons de Sarrebruck pourront arriver dans le Haut-Rhin à peu près au même prix : l'intérêt de la batellerie française, des mineurs français, comme celui des consommateurs alsaciens, exige que rien ne soit négligé pour parer une défaite. Demander la suppression du canal de la Sarre serait chose absurde : il faut, par un effort d'intelligence, chercher un accroissement de circulation sur le canal du Rhône au Rhin ; c'est l'intérêt de Lyon autant que de Saint-Étienne.

On parle d'un canal de jonction de la Saône à la Marne : Lyon, Châlons, Gray, sont au même degré intéressés à ce projet, c'est une chute nouvelle dans le bassin. Qu'on commence des études, et qu'on poursuive, s'il y a lieu, l'exécution.

Un chemin de fer doit être exécuté de Dijon à Mulhouse : deux tracés sont en projet, l'un par la vallée du Doubs, latéralement au canal ; l'autre par la Haute-Saône, parallèlement au fleuve. Il importe au commerce lyonnais de savoir laquelle de ces deux lignes est pour lui la plus avantageuse, de celle qui, passant par Gray et Vesoul, se trouve en concurrence avec la Saône, loin du grand centre de population, et à travers des contrées essentiellement agricoles ; ou de celle qui, pendant quatre mois de l'année, suppléerait un canal fermé par les grandes eaux et les glaces, desservirait Besançon, cet aboutissant du commerce lyonnais, et rallierait de plus près la Suisse, par les cantons de Vaud et Neufchâtel. En un mot, la route de Besançon a-t-elle plus besoin du renfort d'un chemin de fer que celle de Gray? Telle est, pour les expéditeurs du Rhône au Rhin, la question du chemin de fer de Dijon à Mulhouse.

Les vins de Provence n'arrivent à Paris que par la Méditerranée et l'Océan : une grande partie même se consomme à vil prix sur place, faute de communications. Il s'agit pour les Lyonnais, et par un canal embranché sur le Rhône, et par des améliorations incessantes dans le fleuve, et par la reconstruction du pont Nemours, et enfin par la réduction des droits sur le canal de Bourgogne et l'aménagement de l'Yonne, de faire passer tous ces vins, 50,000 tonneaux peut-être, par le Rhône.

En général, les droits qui frappent les boissons, le sucre, le tabac, le sel, sont trop forts : pour augmenter la circulation il faut augmenter la consommation, il faut réduire les frais. Que la députation lyonnaise, si influente, insiste auprès du pouvoir pour obtenir un dégrèvement ; 2 centimes de moins par litre et kilogramme, profiteront plus à la ville qu'une ligne de fer de 140 millions.

Accoutumons-nous donc à l'idée que rien de ce qui se passe autour de nous ne peut nous être indifférent; que notre intérêt en est toujours plus ou moins affecté; et que désormais la loi suprême du commerce, comme le salut du peuple, est le bon marché. Un peu de philosophie en affaires conduit à sacrifier l'intérêt général à l'égoïsme, beaucoup de philosophie identifie l'un et l'autre.

Mais, dira-t-on, comment réaliser cette utopie de bon marché dans l'état d'antagonisme et d'anarchie où nous sommes? Comment établir l'ordre, sans compromettre la liberté?

Pour répondre à cette dernière question, il faut, comme pour la précédente, remonter aux principes.

Le but moral de la concurrence est la liberté; son but économique est la réduction progressive du prix marchand. Or, par un phénomène analogue à celui que nous avons décrit tout à l'heure, la concurrence, par la vertu qui lui est propre, tantôt réalise le bon marché, tantôt se montre radicalement impuissante à le produire, surtout à le fixer. La raison en est que, dans ce dernier cas, le minimum du prix de revient ne peut être obtenu que par une grande exploitation ayant garantie de travail, et qu'il est précisément de l'essence de la concurrence, d'une part, d'empêcher cette garantie, de l'autre, que plus une exploitation grandit, plus la concurrence a de prise sur elle. Il en est des manufactures comme des machines : tout est proportionné à la nature humaine, en sorte qu'au delà d'une certaine limite, le mécanicien est impuissant à faire mouvoir sa machine, et l'industriel à alimenter son établissement comme à réduire ses frais généraux. Ainsi, qu'un capital de navigation de 10,000 fr. lutte contre un capital de 500,000 fr., le petit entrepreneur subit une perte infiniment moindre que le grand, puisque la baisse qui frappe le premier comme 10,000, frappe le second comme 500,000. A ce propos, je remarquerai que pour faire tête à la féodalité industrielle qui nous menace, et qui est le terme nécessaire de notre développement, un des moyens serait de recommencer sur la plus petite échelle la série de ce développement.

Comment donc rendre à la concurrence son efficacité? Comment replacer le commerce dans sa condition normale?

On a vu plus haut que la concurrence étant interdite à l'État vis-à-vis des particuliers, toute entreprise industrielle, produisant à l'échange un bénéfice, lui est par là même interdite. L'État ne peut donc intervenir ici comme producteur. Mais l'État, créateur ou fournisseur de la voie navigable, associé par ce fait au travail de navigation, l'État peut intervenir comme tiers intéressé, et faire ses réserves. Je dis donc qu'entre l'État, auteur et suzerain de la voie navigable, et les voituriers qui la parcourent, il y a le même rapport qu'entre un propriétaire foncier et les paysans qui demandent ses terres à bail. L'État, propriétaire, ne cultive, ni n'exploite, il amodie : il ne fait concurrence à personne, il excite la concurrence, et en fait son profit. Il est vrai qu'en échange du meilleur marché qu'il doit obtenir, il garantit l'usage exclusif de la chose ; c'est un monopole qu'il concède, mais un monopole *négatif*, c'est-à-dire créé pour le plus grand avantage de tous, au rebours du monopole *positif*, créé seulement pour la hausse.

Ces principes admis, et je défie qu'on y oppose rien de solide, je demande ce qu'aurait de contraire à l'ordre constitutionnel, à la liberté, aux intérêts nationaux et locaux, à la science économique, et, pour tout dire, au principe même de concurrence, un projet de loi conçu à peu près dans les termes suivants :

LOI SUR LA NAVIGATION.

Art. 1er. La Saône, livrée jusqu'à présent à l'usage commun des bateliers, rentre au domaine de l'État.

Art. 2. Une Compagnie sera autorisée à faire l'exploitation de cette ligne, et le transport des voyageurs et marchandises sera exécuté sous la surveillance de l'autorité, aux conditions ci-après :

Art. 3. Le prix des places de Châlons à Lyon, et *vice versâ*, est fixé à 2 fr. 50 c. les premières, et 1 fr. 50 c. les secondes. — Les militaires en congé, les colons dirigés sur l'Afrique, les ouvriers indigents qui auront reçu la subvention de 15 c. par lieue, seront admis gratuitement.

Les bagages des voyageurs seront reçus sans rétribution, jusqu'à concurrence de 75 kilogrammes.

Art. 4. Les départs auront lieu des deux villes deux fois par jour, et trois fois si le besoin l'exige, aux heures que prescriront la saison et la correspondance des chemins de fer, par paquebots en parfait état de conditionnement. — Deux bateaux seront constamment en réserve, pour aller à la découverte en cas d'accident, et suppléer ceux qui auraient besoin de réparation.

Art. 5. Pendant les débordements, une correspondance sera établie entre les paquebots, d'un pont à un autre, de manière à ce que le service ne souffre aucune interruption.

En cas de glaces, la Compagnie est tenue, moyennant une surtaxe de 8 fr. et 5 fr. par personne, de faire partir par diligences les voyageurs qui se présenteront à ses bureaux.

Art. 6. Comme prix de fermage, la Compagnie versera chaque année à l'administration une somme de 100,000 fr.

Art. 7. Pour les marchandises, la même Compagnie fera de Lyon à Verdun la remorque de toutes celles à destination soit de Châlons et du chemin de fer, soit des canaux de Bourgogne et du Rhône au Rhin, soit enfin de la Haute-Saône, aux prix fixes de 3 fr. 20 c. pour les charbons et asphaltes, et 5 fr. pour les marchandises, droits de navigation et assurance compris. La durée du voyage, allée et retour, en bonne navigation, sera au plus de cinq jours.

Art. 8. Ce service sera organisé par départs journaliers, et plus fréquents si besoin est, et desservi par quatre remorqueurs au moins, chacun de la force de 60 chevaux.

Art. 9. La décise sera faite au prix de 2 fr. 50 c. la tonne : toutefois le parcours restera libre aux marchandises de descente qui préféreront ne pas employer la remorque.

Art. 10. L'adjudication du service de la Saône aura lieu de cinq en cinq années aux enchères publiques et au rabais, sur soumissions cachetées, et sous cautionnement justifiable de 100,000 fr.

Art. 11. Une indemnité sera accordée aux propriétaires actuels de remorqueurs, entrepreneurs de transport et voituriers, dont le matériel expertisé sera acquis par la Compagnie concessionnaire, et qui auront privilége pour y entrer, soit comme agents, soit comme commanditaires.

Art. 12. La Compagnie s'interdit toute sollicitation de marchandises, et toute entreprise de chargement, commission, vente ou achat, sa spécialité devant rester limitée au transport. Toute remise et bonification sur le tarif fixé par l'adjudication lui est pareillement interdite.

Art. 13. Une loi spéciale fixera ultérieurement les conditions de la navigation du Rhône.

J'ignore s'il existe d'autres faits ou considérations qui militent en faveur de la prolongation du chemin de fer au-dessous de Châlons-sur-Saône ; quant à moi, sûr de ce que j'avance, certain de prouver l'erreur de tous les démentis, j'atteste que les conditions du marché ci-dessus ne seraient pas plutôt proposées qu'elles seraient acceptées.

J'adjure les économistes aimant le progrès et leur pays, qui auront eu le courage de lire cet article, de me faire part de leurs réflexions. En attendant, je félicite le ministre qui, nonobstant la loi de 1842, aura déchargé l'État des travaux de terrassement et d'art du chemin de Châlons à Avignon, et mis tout à la charge des compagnies.

P. PROUDHON.

Imprimerie de Hennuyer et Turpin, rue Lemercier, 24. Batignolles.